风景园林 BIM 应用

BIM 经典译丛

风景园林 BIM 应用

BIM for Landscape

［英］英国风景园林学会　著

（The Landscape Institute）

郭湧　译

中国建筑工业出版社

著作权合同登记图字：01—2017—4548 号

图书在版编目（CIP）数据

风景园林 BIM 应用 / 英国风景园林学会著；郭湧译
. —北京：中国建筑工业出版社，2021.10
（BIM 经典译丛）
书名原文：BIM for Landscape
ISBN 978-7-112-26440-7

Ⅰ.①风…　Ⅱ.①英…②郭…　Ⅲ.①园林设计—景
观设计—计算机辅助设计—应用软件　Ⅳ.① TU986.2-39

中国版本图书馆 CIP 数据核字（2021）第 154410 号

责任编辑：孙书妍　董苏华
责任校对：赵　菲

BIM 经典译丛
风景园林 BIM 应用
BIM for Landscape
[英] 英国风景园林学会　著
（The Landscape Institute）

郭湧　译
＊
中国建筑工业出版社出版、发行（北京海淀三里河路9号）
各地新华书店、建筑书店经销
北京雅盈中佳图文设计公司制版
天津翔远印刷有限公司印刷
＊
开本：787 毫米 × 1092 毫米　1/16　印张：8¾　字数：180 千字
2021 年 10 月第一版　2021 年 10 月第一次印刷
定价：**78.00** 元
ISBN 978-7-112-26440-7
（37206）
版权所有　翻印必究
如有印装质量问题，可寄本社图书出版中心退换
（邮政编码 100037）

序

　　我对本书期待已久。它的出版很及时，也证明了风景园林行业在这一领域的领导地位。不仅对于风景园林从业人员，而且对于相关领域的合作人员来说，本书将十分有助于了解如何在风景园林工程中应用 BIM。本书将为形成优秀实践所需的各种要素提供非常有价值的前期指导。

诺埃尔·法雷尔
（Noel Farrer）
英国风景园林学会主席

前言

我们生活环境的数字化程度日益提高，计算机可读数据的使用已达到前所未有的水平，有助于我们在项目生命周期的各个阶段取得更好成果。BIM 有助于促进面向数字化领域的转变，充分利用可分享的资产信息，以更好地创造并保护人们包括公共领域在内的资产，进而形成理想的生活、工作和游览环境。

BIM 帮助我们一步到位完成具有优质生产力的建造，有能力为人们和社会提供我们真正需要的附加价值，从而走向建筑业的革新。在英国，《政府建设战略》（Government Construction Strategy）对所有集中采购项目实行"BIM 水平 2"的要求，毫无疑问有助于加速这一进程，并且有助于针对数字数据管理与交互创造一套世界领先的标准。

BIM 让我们能够迅速制定设计方案、形成更好的可视化，并且在施工之前就进行模拟和测试。这并不是一个工具更新的简单问题，而是在公共数据环境下，更深入地思考如何定义和管理我们的数据，来支持决策制定过程。这份工作的核心是一种目标清晰统一且信息交换方法规范的工作协同方式。

当处于这种转型期时，我们的重要任务就是为行业的众多实践团体提供清晰而简明的指导手册，帮助他们消除神秘感，并为这段旅程提供实用建议，或者帮助他们加速走向风景园林实践的数字化和虚拟化。所以，本书一定会对走在 BIM 旅途中各个阶段的实践者有所助益。

戴维·菲利浦

（David Philp）

理学硕士、理学士、英国土木工程师学会会员、英国皇家特许测量师学会会员、
英国皇家特许建造师学会资深会员、FCInstES、恩典兄弟教会成员、
AECOM 公司 EMEA&I 地区 BIM 主管、苏格兰 BIM 交付组织主席

致谢

作者：亨利·芬比 – 泰勒（Henry Fenby–Taylor），英国风景园林学会。
审校：西蒙·贝尔（Simon Bell）与迈克·希尔顿（Mike Shilton），LI BIM 工作组负责人。

英国风景园林学会与 BIM 工作组在此对为本书作出卓越贡献（时间、知识及专家意见）的所有企业、组织及个人表示感谢。特别感谢：奥雅纳全球公司（Arup）、奥雅纳工程顾问公司（Arup Associates）、伯明翰城市大学、CS 设计软件有限公司（CS Design Software）、Colour 城市风景园林设计公司（Color UDL）、法国廉租房服务处（HLM）、HOK 建筑师事务所、Keysoft Solutions 有限公司、LDA Design 有限公司、Marshalls 上市公司、美国国家标准局（the NBS）和 Vectorworks 公司。

目录

序 v

前言 vii

致谢 viii

第一部分　准备

第1章　导言 5

第2章　了解 BIM 9

第3章　先决条件 18

第4章　文件 22

第5章　合作者 26

第6章　职位 31

第7章　BIM 实施计划 33

第二部分　实施

第8章　业主信息要求 43

第9章　合同前阶段 52

第10章　合同后阶段 BIM 执行计划 58

第11章　信息管理 65

第12章　职位责任 72

第13章　测绘 78

第14章　竣工后阶段 83

第15章　风景园林管理与维护 88

第三部分　技术

第16章　数字工具 93

第17章　数字模型 100

第18章　BIM 文件 103

第19章　LoD 108

第20章　互操作性 112

第21章　前景 117

附录　产品数据模板示例 120

术语表 124

图片来源 128

译者简介 129

第一部分
准备

引言

本书的第一部分概述建筑信息模型（BIM）及其主要流程，并说明使用 BIM 可以产生的效益。BIM 产生的优势惠及整条供应链：客户、行业团体、承包商、供应商、设施与风景园林管理人员以及用户。客户受益包括提高价值、管理成本，以及进一步保障按时、按预算交付项目。执业团队和承包商受益包括高效制定项目计划、增强合作、提高透明度、提高决策力及减少返工和延期。管理人员和用户致力于启动项目，确保项目开发实现初心并满足用户要求，通过扩大交付范围保证有效维护落实到位。

一个执业团队如何开始"实施 BIM"？对此并无定制，但殊途同归，不同类型的执业团队可以根据自己的客户和专业领域采取不同措施。BIM 既可以在个体团体实施，也可以在拥有多专业部门的大型机构实施；希望在 BIM 环境中投标项目的私人园林公司和希望减少自身项目风险与成本的地方政府所采取的 BIM 实施流程截然不同。有些执业团队的目的可能是改善信息流和改良协作关系，有些执业团队可能希望投标新的业务类型并优化其流程。无论采取什么路线和遵循什么目的，第一步要做的都是确认预期成果，然后制定一个包含战略制定、进程规划和进展评价在内的实施计划。本书第一部分涵盖了 BIM 进程的这一阶段。

BIM 原是建筑施工方面的一个综合技术工具，但如今已形成一个以信息为核心、程序驱动的项目管理系统；此外，BIM 的应用范围已超出建筑领域，并延伸到风景园林、外部工程和基础设施。BIM 要求执业团队将其自身的数字信息处理考虑在内，包括它的产生、共享、接收和计算方式，然后寻找方法对它进行扩展、强化，并进行信息处理的流程化。

建成环境领域与信息之间的关系并不总是很融洽，远没有达到创新、清晰和坚决的程度。而本书的基础，或者说 BIM 的内在基础，正是聚焦在改善这对关系的一系列问题上：如何产生更高质量、更可靠的项目信息？如何实现项目团队更有效的信息管理和信息共享？项目团队所有成员及利益相关者能否在需要相关信息时获得他们所需的信息？

更重要的是，BIM 是一场变革。这是与执业团队规模或工作性质无关的自身转变，而关键是通过组织战略、资源、目标和路线方面的明确管理方法实现变革。BIM 相关变革主要分四类：首先是影响执业团队经营活动的企业变革，例如提供新服务和发展新合作关系；其次是执业团队使用的硬件和软件技术变革；再次是采用不同方式管理和经营项目的流程变革；最后是团队能力变化，例如借鉴经验并研究出新的工作方法。在所有变革过程中，最重要的因素是工作人员，尤其是工作人员对组织内部变革的回应，以及他们实施变革的能力和意愿。受到重视的工作人员会积极参与变革流程，并通过持续培训确保自己能够成功实施此变革。

关于本书

本书的目的不是提出从业人员必须满足的规定要求，而是为将要开启或已经开启BIM 进程的风景园林与环境从业人员，及风景园林项目执行者给予帮助；不是提供因循守旧的路线，而是在前进道路上需要做出决策时为大家提供指引路标。

第一部分主讲 BIM 准备工作，即 BIM 概述，包括实施 BIM 之前的一些组织性先决条件、管理"BIM 水平 2"的标准和文件以及

BIM 项目团队的责任与义务。这部分的目的是为决策者提供有用信息，帮助其明确 BIM 含义，并为此领域入门人员介绍 BIM 的主要内容。第二部分主讲 BIM 实施过程，说明从投标之前到竣工验收的过程中实施 BIM 的流程。第三部分主讲 BIM 技术核心，说明 BIM 模型、软件和信息处理的主要功能。

术语

本书涉及 BIM 标准的固定术语表达如下：

- 建成环境领域（Built Environment Sector）：需要实施"BIM 水平 2"的行业。截至 2016 年，英国所有集中采购的开发项目已强制实施"BIM 水平 2"，因此该领域包括公共设施、建筑和交通基础设施。

- 风景园林（Landscape）：交付风景园林项目可能包含的所有工程，包括已建成对象和基础设施部分。

- 外部工程（External works）：建筑墙体以外的所有工程，包括基础设施、公共设施和风景园林工程。

- 资产（Assets）与设施（Facility）：建设项目的最终结果，其中也包括风景园林特征。

- 对象（Object）：由软件创建的某一要素或系统的虚拟表达。

- 业主（Employer）：购买 BIM 项目的甲方。书后术语表详列了一些与 BIM 有关的缩略词及专用术语。

本书使用的通用术语"执业团队"（practice），是指在私营部门、公共部门和志愿部门中从事与风景园林相关的工作或制定风景园林政

策和战略的各类组织或企业，包括专营商、中小型企业、大公司、地方政府、志愿性机构和政府代理等。鉴于不同机构从事不同的工作范围，广义上的"风景园林从业人员"或"风景园林执业者"涵盖了本书涉及的读者范围，包含风景园林师、风景园林规划师、风景园林管理者和城市设计师，以及基础设施和环境方面的从业人员、专家、承包商、顾问及参与BIM项目的所有人员。

希望本书的信息和指导能够在项目团队和执业团队的管理者、决策者、设计师、项目管理负责人，以及对实施BIM发挥作用的所有人员内共享。理想情况下，对BIM战略、实施和技术的了解，有助于从业人员迅速融入实施"BIM水平2"的团体。

本书的最终愿望是在国际上推广"BIM水平2"，故而，本书不仅聚焦于现行英国规范，同时也将其他地区的相关性考虑在内。

第 1 章

导言

本章简单介绍 BIM，并说明 BIM 的实质，同时强调风景园林执业团队和客户可通过采用 BIM 流程获益的一些方法。因为本书内容主讲 BIM 如何增强合作、流程化处理信息、提高决策，以及按时交付符合设计意图的建成环境项目，所以本章及后续部分即概述实施过程。

什么是 BIM？

为了协助政府的 BIM 实施目标而成立的英国建筑信息模型工作组（BIM Task Group），把 BIM 定义为"通过创建、整理和交换共享三维（3D）模型及附着其上的智能化、结构化数据，贯穿某资产全生命周期进行彼此协作的价值创造"（英国建筑信息模型工作组，2013）。

此定义的关键词是"协作"和"数据"。BIM 是一项流程而非技术。从业人员不仅需要采用 3D 技术工作，还需要使用特殊软件。它需要加强协同工作的意愿——即不仅作为个人，更重要的是作为一个团队交付项目，同时进一步强调可分享的数字信息和共享模型。但是若合作需要扩大到项目团队以外，那从开始阶段就考虑利益相关者，如风景园林管理者和最终用户等。采用 BIM 启动的风景园林项目需要从开始就考虑其结果，因为早期参与人员将负责项目移交之后的维护和管理工作，所以它不仅只是交付客户要求的项目，而且还是可以有效运维和管理的风景园林。

BIM 对不同行业人员的意义不同。在建造领域，风景园林师、工程师、建筑师、项目经理和承包商，都对 BIM 有自己的理解，形成了他们在供应链中特殊的专业重点和职责。对于设计师和工程师而言，BIM 意味着采用智能设计工具进行大数据建模；对于项目经理和一级承包商而言，BIM 更像是减少风险与浪费、提高效率的一项流程（图 1.1）。

BIM 不是软件，软件仅仅是实现 BIM 的一种工具。建筑信息模型是由技术和标准化的过程生产的，并且通过人工实施。尽管早期的 BIM 主要由技术性术语定义，但现在它被定义为"建筑信息模型的支柱"：即 BIM 如何通过一套工具、若干标准和过程文件在资产的全生命周期中应用。它们形成了一致、透明的信息管理方法，从而能够减少项目内部图纸说明或命名策略等方面的分歧。这部分内容将在第 4 章详细讨论。

一个执业团队的 BIM 成熟度划分为 4 个

图 1.1 基于 BIM 的可视化

水平，即从 0 到 3。BIM 水平表明了一个执业团队在 BIM 旅程中的位置，即项目团队从低合作度到流程高度整合之间的范围。"BIM 水平 2"是政府对建筑行业的规定目标，也是从 2016 年起政府集中采购项目的一项要求。因此，建成环境领域将整体转变为符合"BIM 水平 2"标准的具体要求，而不只是满足其最低要求；在研究项目操作方法方面，正在努力工作，力求进一步减少合同与保险条款等方面的冲突，并增强合作。

值得注意的是，"BIM 水平 2"项目的要求并不一定与传统项目存在显著差异。例如伦敦新建成的伊丽莎白女王奥林匹克公园就是一个案例（图 1.2）。虽然该公园没有正式确定为"BIM 项目"，但其具有"BIM 水平 2"的所有主要特性，尤其在合作方面。公园的

每名顾问都使用了综合软件创建图纸和模型，用于规定各项标准，并在共享环境中发布、生成综合模型，同时在必要时提供 3D 支持。这一过程并不罕见，而 BIM 实际上是现有合作原则的发展演变。不同的是 BIM 采用更佳的即定流程进行管理，在交付项目方面执行更严格的新标准和潜在标准，并明确信息开发和管理的职责与要求。

为什么采用 BIM？

在英国，BIM 的目标如下：

"通过使用公开共享的资产信息，实现成本、价值和碳排放的显著改善……在整个项目和资产的生命周期中，帮助

图 1.2　伊丽莎白女王奥林匹克公园：项目核心是真正发挥其潜力的有效合作

供应链开启效率更高与协同更紧密的工作方法。"

（英国建筑信息模型工作组，2013）

（这里的"资产"是指整个建成环境项目或其中的一部分，其范围一端是整体建筑，另一端是路面和基础。）

BIM 提供了一种用以执行建成环境项目的管理方法，它可以将技术性的效益整合到标准化的团队实践中，从而增加项目运行的确定性和透明性，以及责任和行为的明确性。"BIM 水平 2"并未改写项目操作方法，相反，它是应用一种有规划的过程来协调合作，使数据交换行为脉络更清晰。这种设定下的项目协作可以支持风景园林师更好地承担他们的责任，创造可建造、可维护、成本节约的

空间。成功的协作过程会一步到位地产生一道亮丽的风景，从而全面满足业主的需要，并为使用者服务。

BIM 是一种提高建成环境项目中施工和管理决策力、加强项目团队及各相关方可用信息质量的方法。返工和延期将会阻碍项目规划与交付，而结构化的合作可以减少这种情况的发生。在整个开发过程中模拟设计，有助于在早期就完成项目的进度计划和成本预测。具体而言，业主使用 BIM 采购风景园林项目并建成资产，获益主要是在施工期间降低成本和时间不确定性的方面。此外，也可以通过在项目移交中保证满足用户需求，以及提供适应未来变化所需的信息，来减少资产的生命周期成本。

在管理景观及其特性的需求和开发的需

求之间，风景园林行业提供了关键的连接。2016 年政府项目的 BIM 规定，风景园林从业人员必须证明自己具有操作"BIM 水平 2"项目环境的能力，方可参与集中采购项目。实施 BIM 已获得一级承包商的认可，越来越多的一级承包商呼吁在其项目中使用 BIM。因此，为了继续实质参与建成环境项目，风景园林和环境行业必须使用 BIM。

以下章节讲述在风景园林执业团队中实施 BIM 的准备阶段，包括对 BIM 背后的思考，以及介绍相关的主要工具、标准和流程。根据 BIM 对执业团队产生的变化考虑组织问题，包括工作人员发展及客户与合作伙伴之间的关系。这一准备阶段逐渐延伸到 BIM 实施计划，见本部分最后一章的介绍。作为 BIM 旅程的主要规划方法，准备阶段说明了一个执业团队如何保证启动"BIM 水平 2"项目需要的所有事物均处于适当位置。

参考资料

BIM Task Group（2013）*Frequently asked questions*. London：Department for Business, Innovation and Skills. www.bimtaskgroup.org/bim-faqs/.

第 2 章

了解 BIM

引言

本章从 BIM 水平 0 到 3 的构架着手，逐步理解 BIM 的过程和范围，说明 BIM 工作流程与传统流程的不同之处，以及 BIM 带来的价值收益。在略述 BIM 起源，即 BIM 形成发展的历史背景和思想学派之后，本章将概述英国的 BIM 实施战略，此战略被视为政府在建筑行业可持续性、竞争力和经济效益方面的广泛战略目标之一。

BIM 水平

BIM 水平 0 到 3 提供了一个用以说明执业团队所处 BIM 阶段的概念范围。BIM 楔形图或以开发者默文·理查兹（Mervyn Richards）和马克·比尤（Mark Bew）命名的比尤 – 理查兹（Bew–Richards）成熟度模型（图 2.1），都通过具体方法明确说明了执业团队在 BIM 进程中所处的位置。楔形图下方的方框简要说明了实施 BIM 可采用或应采用的一些标准。"BIM 水平 2"是英国《政府建设战略》（内阁办公室，2011）对建筑行业规定的目标。作为一个说明性模型，BIM 楔形图并未提供 BIM 成熟度的正式验证；水平 0、

水平 1 和水平 3 并非评价或实施过程，而仅作为指示性阶段：

- BIM 水平 0

是指未管理的二维计算机辅助设计（CAD）；项目参与者之间的信息交换采用固定不可编辑文件，例如印刷文件或数字文件（如 PDF 文件）。

- BIM 水平 1

也被称为"独立 BIM"：加以管理的二维或三维计算机辅助设计，采用 BS 1192：2007（英国标准协会，2007）来描述项目定位和文件命名策略。以云端合作的方法作为项目模型的公共数据环境（CDE）。具有一定的数据结构与格式的标准。商业数据管理采用的不是综合程序，而是独立的财务与成本管理组合程序。

- BIM 水平 2

是指处于具有附带数据的独立专业 BIM 工具构架管理之下的三维环境。行业数据由企业资源规划器或其他商业过程管理系统所管理。项目团队应用文件格式和软件工具的组合来提供已整合信息。项目使用的系统可能还包括时间规划和成本规划等特色。

- BIM 水平 3

是《数字英国战略》正在实施的计划

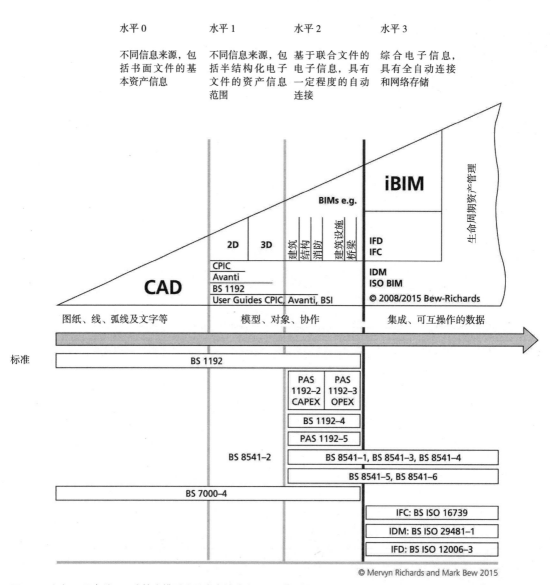

图 2.1　比尤－理查兹 BIM 成熟度模型（通常也被称为"BIM 楔形图"）

之一。本书在创作时设想了一个由项目团队每一名成员都可以浏览和修改的单一模型。这种过程的开放性和数据的整合性，是通过工业基础类（IFC）文件格式和国际字典框架（IFD）术语标准来实现的。此外，项目信息由协同模型服务器来管理。

这种模型演示了执业团队发展其 BIM 能力的过程，重点是确保内部的全面参与，从而改进 BIM 过程和技术。该模型表明仅使用几何工具并不能达到"BIM 水平 2"的成熟度；从更高层次来说，模型信息应该以更富信息深度的三维形式传递。除了富含信息的模型以外，英国的标准和 BIM 楔形图中其他的参照，同样创造了一种信息编码管理结构，使数字信息可以在各专业之间共享。

"BIM 水平 2"项目概述

本节简单介绍"BIM 水平 2"项目的流程，这些流程不同于传统流程；之后的章节将对各个阶段进行更详细的描述。"BIM 水平 2"的主要特点集中在信息的作用上，项目工作阶段并无改变，开发建成资产的全过程依然相同。不同的是，共享数据的应用增强了合作，从而形成了更具透明性的流程化设计和开发过程。

BIM 支柱为"BIM 水平 2"提出了核心标准。核心标准主要涉及信息管理，其余部分根据业主团队和项目团队按照他们将要遵行的合作程序所创建的标准项目文件进行补充。

这种信息管理结构为业主、顾问、供应链及各相关方都提供了更高的项目确定性，同时提供更稳定的平台，用以发展和改善决策制定过程。所以，施工开始之前大部分工作实际早已完成。项目作为一个数字模型已经被开发，这个数字模型可以让那些变更设计和返工的问题在场地施工前就被解决。

从"BIM 水平 2"的时序过程逐步来看，此过程从业主制定并发布信息要求（EIR）开始，并在制定一套简明语言问题作为招标流程的一部分中发展起来（图 2.2）。业主信息要求阐述业主对项目具体技术和技术管理的要求。投标团队通过他们的 BIM 实施计划

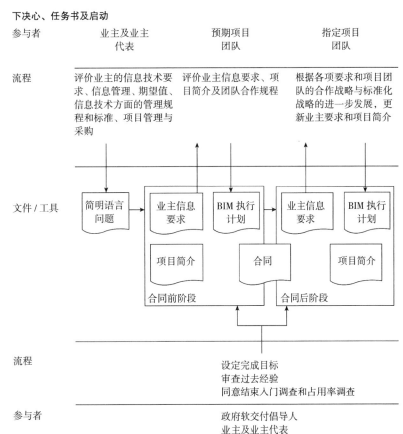

图 2.2 下决心、任务书及启动阶段：这些流程确保项目从一开始就有明确的预设计划

（BEP）做出回应，根据任务书提出技术路径并描述自身 BIM 能力。这些重要文件之间的关系创建了一条从起点开始连续贯穿项目的线索。

随后，既定团队需要提交一份合同签订后的 BIM 实施计划，详细说明他们将如何交付项目，这将作为合同要求的一部分。各相关方执行一个启动前的流程来规划信息交换的最佳执行方案，保证信息传递文件不仅与业主和项目团队有关，也与维护工作及未来工作有关。项目启动之后，在每个项目阶段开始之前要回顾业主的信息要求，并根据项目发展情况对 BIM 实施计划进行必要的修订。

在实时经验教训总结程序环节中回顾业主和项目团队获得的知识经验，并明确成功及失败所在。

BIM 创造了一些有效管理项目信息的新职位。其中一个重要的职位就是信息经理，负责详细说明如何管理项目信息，以及维护公共数据环境（CDE）——在项目期间作为信息文件中央资料库的一个远程安全存储系统。在上传至公共数据环境之前，文件只需设定一个简单的适用性代码，来定义文件信息的可靠性程度，以便各相关方在项目期间可以保证对自己及其他人员提供正确的使用信息，避免协作错误（图 2.3）。

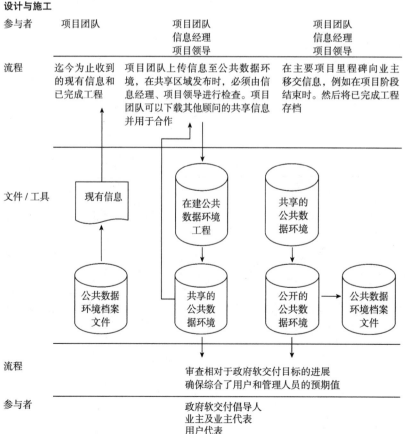

图 2.3 设计与施工阶段：采用公共数据环境进行工作，确保项目的高透明度

在每个项目阶段结束时，或根据业主信息要求的规定，我们需要将信息从公共数据环境的工作区域移至公开文件的指定区域。

这是一个关键的信息交付阶段，术语上称为"data drop"。业主、采购团队和管理团队共同设计了一套在每个关键信息交付阶段提出的简明语言问题，以明确术语规定每个阶段的要求。每个信息交付阶段都会出现这些问题。

在施工阶段完成之后，信息交付阶段开始。这是一项由政府软交付（GSL）政策而产生的"BIM 水平 2"的综合程序。政府软交付

倡导人或首席引导师（独立于业主和项目团队）将在整个项目阶段与各相关方保持联络，检查正在进行的工程，反映业主和用户的要求。资产管理人员和用户能够在项目开发期间提供更大范围的信息输入，以及使用信息的反馈。资产可以按照计划操作，但除此之外，资产必须按照用户的要求操作。因为在竣工后更长期限内需要保留设计与施工团队，所以项目团队有义务在必要时进行调整。

最后阶段是项目团队向业主团队交付信息文件（图 2.4）。业主信息要求决定了需要交付的相关信息，在政府软交付倡导人的帮

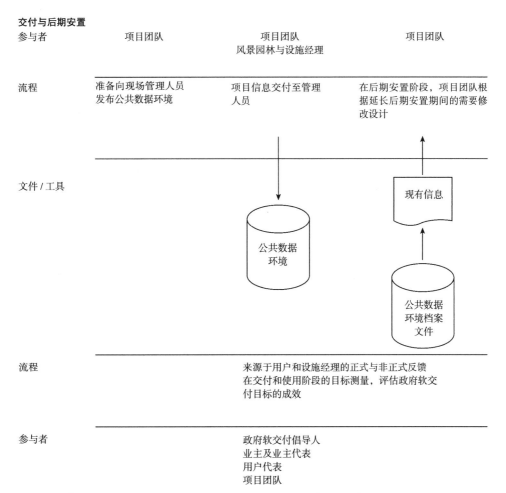

图 2.4　交付与后期安置阶段：向现场管理人员发布公共数据环境并不代表项目结束

助下，确保交付信息与资产管理使用的软件相一致，以及确保设施和风景园林管理人员能够了解现场环境和产品。"BIM 水平 2"项目的一个主要特点：在完工后交付高质量信息以确保将来整修或发展的传统。

成本节约源于哪些方面？

在整个项目生命周期中，BIM 通过多种途径为业主提供重大价值，例如：

- 以更好的综合设计实现更低的建筑成本，同时减少浪费和现场更改；
- 更可靠的进度计划信息，避免延期及随后产生螺旋式上升的各项费用；
- 提高风险管理，在战略层面实现节约。

总的来说，最大程度的节约潜力来源于业主和管理人员在资产交付及其使用操作之前，更好地了解资产情况。风景园林的最大成本是在其使用寿命期间，这项成本远远超过设计与施工阶段的成本，BIM 能够让各相关方更好地了解这些成本。

尽管 BIM 的目的是提高质量和节约成本，但业主不应期待能够降低 BIM 项目的每一项成本。BIM 能够使业主根据更好的质量信息做出更好的决策，以及在整个项目生命周期提高信息质量。如果业主能够谨记这样一句格言："1 英镑的设计成本能够节省 10 英镑的施工成本和 100 英镑的经营成本"，并且认识到可预测性是项目成本价值的一部分，那么他们将会重视 BIM 提供的效益。如果客户仅考虑节省设计费的效益，那他将会在项目整个生命周期中失去更大的成本效益和项目效益。

BIM 的起源

术语"BIM"首次出现在 1992 年（van Nederveen 与 Tolman，1992），但是 BIM 软件的概念首次出现却在 20 世纪 70 年代，出现在查克·伊斯曼（Chuck Eastman）一篇名为《使用计算机代替建筑设计图纸》的论文中（Eastman，1975）。自从问世以来，BIM 已经跨过二维图纸和三维建模的界限，而且在信息产品的这两种形式中，BIM 流程仍然是标准的操作规程。

伊斯曼的开创性论文还将设计过程中数据库的应用考虑在内，这是 BIM 概念的另一个核心。CAD 应用程序本质上是目标类型的数据库，采用坐标定义位置和几何形状。BIM 采用扩大结构数据描述客体，确保虚拟工程项目的创建，并进行大量的可能性分析。真实再现是 BIM 行业一直的愿望，鉴于此，每个新生代软件都使本行业更接近这一目标。

BIM 逐步发展到全世界，许多国家都在其政府或行业的领导下开发本国的 BIM 方法。英国的 BIM 发展形成两个思想学派：一个侧重于技术力量，另一个追求精益建造。虽然外部设计行业在 BIM 领域的发展途径的技术侧重点不同，但这两个学派都在设法解决建成环境行业的相同问题。

技术学派

技术学派寻求更强大和更多用途的工具创建虚拟目标，着重寻找问题的技术解决方案（同时，该学派注重比尔·盖茨说过的："所有用于商业的技术，第一条法则是对于高效率企业而言，自动化会提高经营效率；第二条法则是对于低效企业而言，自动化会降低经营效率"）。

BIM 在技术方面并未孤立发展，它的许多效益与其他领域更广泛的数字化趋势息息相关。例如，计算机处理能力的增强，推动了更强大软件的开发，能够完成越来越复杂的工作。在 BIM 的技术发展过程中，开源运动、高级仿真、互联网、计算机制图和改进型传感技术都发挥了重要作用。

开源运动支持自由信息共享，研究者通过开源运动开发和改编系统或软件；IFC 和 OpenBIM 信息交换格式属于开源产品，让项目顾问能够共享不同软件平台开发的信息。处理能力增强能够实现高级仿真，制造业的模型设计已经广泛利用这项技术。因此，其他领域对高级仿真的兴趣也不断增加，例如建成环境领域目前正在使用这项技术模拟空间利用、能源消耗和微气象。

同时，计算机制图增强了复杂性和细微差别，由此促进了开发更加真实或虚拟建成环境方案的可能性。新一代网络通信技术与云计算实现了前所未有的高速信息共享，不同领域的顾问能够对相同文件实现远程团队合作。此外，激光扫描和点云数据捕获传感技术能够实现超真实的研究，以更高精确度模拟环境，在精密模拟现实世界条件的数字环境中推动建模与设计工作。

这些技术进步促进了众多硬件和软件工具的诞生，这些工具将创建出逐步成为已建成并投入使用的风景园林代表的数字式资产。然而这种发展并非直线式的，不同行业使用的独特软件工具持续以不同的速度发展。但最终技术性风景园林正不断趋于成熟，故而

制定标准化程序与规划方法势在必行，现已根据精益建造制定出"BIM 水平 2"标准。

精益建造学派

精益建造是"BIM 水平 2"的基础理论，也是英国《政府建设战略》的目标之一。流程管理的精益方法，也被称为准时制（JIT）管理，这一术语源于丰田集团的汽车制造，现已被其他众多领域所接受。BIM 的主要精益概念是"价值"和"浪费"：对项目结果没有帮助，或延期交付的活动和材料被视为浪费；客户愿意付款的活动和材料被视为价值；即不具有价值的所有事物都是浪费。按照精益原则，建成环境设计过程已发现的浪费形式如下：

- 缺陷：有缺陷的设计会对整个项目产生巨大冲击，导致成本螺旋式上升，尤其是在施工开始以后只进行一次检测。

- 生产过剩：例如创造一个比项目阶段要求更先进的设计即为生产过剩。

- 等待：由于施工设计中存在复杂的附属设施，等待附属设施的完成可能拖延项目进度，并且因项目停工而产生很高的成本。

- 人才浪费：有效利用组织内的人才是减少浪费的首要精益策略。

- 搬运浪费：消除不必要的转移可以节省时间和成本，包括人员、实体材料或数据转移。

- 库存浪费：例如大量的文件需要保持工作状态即为库存浪费。

- 动作浪费：这是丰田集团确定的一个典型案例——从工作台端部移动一盒螺钉

并放在需要使用螺钉的操作人员旁边；减少信息检索花费时间的文件管理方法，也是一种 BIM 平行流程。

- 过度加工：10 个步骤就可以完成的工作被分成 20 个步骤完成，这就是过度加工；这类浪费包括引入另一个顾问工作或为了空间协调手动调整设计。

英国的 BIM

建成环境行业一直是英国政府关注的焦点。从西蒙（Simon）的效率调查结果报告（建筑工程部，1944），到埃默森（Emmerson）（建筑工程部，1962）和班韦尔（Banwell）（公共建筑工程部，1964）的划分专业储仓报告，这一系列的公开报道已经充分说明了这一领域的缺点。近年来的政府委托报告不断出现浪费、流程低效及破碎化的现象，导致货币持续弱势并价值低下（参见 Latham，1994；Egan，1998；Wolstenholme 等人，2009）。

这一弱势暗示了英国 BIM 的背景情况。制定伊根（Egan）报告的特别工作组（超级市场和车辆制造厂的代表）认为应该向建筑工业学习。由此 BIM 开始向精益建造转变，主要体现在 BIM 目前的战略严重依赖精益生产作为其理性基础。

《政府建设战略》

按照《政府建设战略》的规定，"政府需要完全与三维 BIM（所有的项目与资产信息、文件和数据向电子化转变）合作"（内阁办公室，2011：14）。除了 BIM 要求之外，该战略对建筑工业制定了一系列其他目标，即：

- 货币价值及其方法；
- 保证效率与杜绝浪费；
- 设计和施工应与经营和资产管理保持一致；
- 管理供应商关系；
- 提高竞争力并减少重复；
- 采用新的采购模式；
- 管理客户关系；
- 在可持续性和碳排放方面满足既有及新出台的政府政策。

在制定 BIM 实施计划时，必须谨记这些要求。成立英国建筑信息模型工作组的初衷是协助政府制定 BIM 实施目标，BIM 战略论文的标题确定为《价值、成本和排碳改进措施管理》（英国建筑信息模型工作组，2011），强调 BIM 还应解决建设战略的其他目标。因此，BIM 不仅是一个需要实现的目标，同时也是解决许多政府部门要求的一个创新工具。

参考资料

BIM Industry Working Group（2011）*BIM：Management for value, cost and carbon improvement, a report for the Government Construction Client Group*. London：Department of Business Innovation and Skills.

BSI（2007）*BS 1192：2007：Collaborative production of architectural, engineering and construction information. Code of practice*. London：British Standards Institution.

Cabinet Office（2011）*Government construction strategy*. London：Cabinet Office.

Eastman, C.M. (1975) The use of computers instead of drawings in building design. *AIA Journal*, 63 (3): 46–50.

Egan, J. (1998) *Rethinking construction: Report of the Construction Task Force*. London: HMSO.

Latham, M. (1994) *Constructing the team*. London: HMSO.

Ministry of Public Building and Works (1964) *The placing and management of contracts for building and civil engineering work* (Banwell Report) . London: HMSO.

Ministry of Works (1944) *Report of the Committee on the Placing and Management of Building Contracts* (Simon Report) . London: HMSO.

Ministry of Works (1962) *Survey of problems before the construction industries* (Emmerson Report) . London: HMSO.

van Nederveen, G.A. and Tolman, F. (1992) Modelling multiple views on buildings. *Automation in Construction,* 1 (3): 215–224.

Wolstenholme, A. et al. (2009) *Never waste a good crisis: A review of progress since Rethinking Construction and thoughts for our future.* London: Constructing Excellence.

第 3 章

先决条件

引言

BIM 进程需要一些先决条件：执业团队内部进行变革的能力和意愿、良好的顾问合作网络对合作产生效益的渴望，以及客户对实现更有效工作的希望。本章包含 BIM 应用在组织与实践方面的一些首要步骤，包括变革的一些驱动因素的审视、企业文化和执业团队内部流程的审查、软件事项的考虑、工作人员发展与培训。

变革驱动因素

无论是要追上竞争对手，还是要在新型工作中获胜，一个鼓励从业人员发展和重视知识共享的执业团队更容易适应 BIM 流程。按照当前的战略目标，决定实施 BIM 可能是下一个合理的步骤；这一决定可能源于建立在现有工作人员与设计合作伙伴技能基础上的愿望，或可能由客户的愿望所驱动，或由执业团队希望在未来从事的工作类型所驱动。此外，还有一个由持续发展领域创造的新趋势，各执业团队正在适应这个新环境。想要在新领域工作的团体也需要适应新环境，无法适应的人员可能被淘汰。

除了审查组织文化和工作人员能力之外，

一个执业团队可以考虑规划阶段的一些操作问题。例如，可以通过分析工程和流程的内部计划确定 BIM 的优势和劣势，可以通过检查当前的质量保证安排了解 BIM 的适用范围，以及可以审查信息技术能力。此时也可以与客户和合作伙伴开展对话，开始规划 BIM 方法。

软件

BIM 不是软件，而且也没有现成、通用的 BIM 软件包。一个执业团队可以因 BIM 实施流程而决定购买新软件，但这一做法不应作为首要步骤。

在购买任何软件之前，执业团队应分析自身的要求和相关团队、合作伙伴、客户及其他相关方的要求，以便了解自己需要的软件功能。软件决策应反映出 BIM 项目团队之间共享信息的流程；对于其他团队可共享、可使用信息的要求，应在随后流程中传达出 BIM 实施的关键决策。项目团队每个成员，包括风景园林、工程、建筑及设施管理人员，虽然应自由选择自己的软件，但是需要遵守共享创建信息的公认标准。

在 BIM 进程开始时，我们还要对现有软件提出一些问题。合作、设计与分析软件是风景园林及相关工程最常用的类型，不同软件类型的具体问题如下所示。此外，还需要考虑一些通用标准，例如效率、成本、可靠性及互操作性。

合作软件

合作项目环境的具体要求如下：

- 符合标准："BIM 水平 2"标准规定使用特定命名规则，按照相关规则需要使用合作方法。
- 责任制与透明度：追踪项目团队使用信息的能力，对帮助保持项目的开放性极为重要。
- 安全性：如果建筑合作在线解决方案可能含有敏感信息，必须重点保护。
- 保存：文件存储的时间可能决定了合作解决方案是否适用。
- 版本管理：文件、数据和模型的使用版本是信息管理的一个重要方面。

设计工具

BIM 工具的核心是通过几何图形产生信息的能力，反之亦然。在需要改变设计步骤及软件自动响应新信息或新几何图形能力的过程中，我们可以发现软件包展现的几何图形与信息之间的关系。例如，若需改变移植床的植物密度，则应增加原设计的植物总数。对于设计软件而言，即使实际上他们可能已经适用，但是我们仍应评估其如何创建并分享信息。此外，为了探查差异、协调空间、分析和发布等目的，我们同样需要考虑其与其他软件包之间的信息交换（在第 8 章进行更详细的讨论）。因为整个领域都应用了多种软件，因此在共享用途，以及执业团队的 BIM 实施计划方面，考虑信息交换要求是必须的。

分析工具

分析工具有助于我们考虑将要应用的分析类型、需要的数据，及如何提供这些数据。分析类型包括分析图、说明书、可持续性有价值的信息，提供独立数据无法传递的信息。上述不同工作具有不同的信息要求，并且需要采用相关工具可使用的格式提供数据。例如，当分析风景园林在新型风力涡轮机方面的能力时，能够通过分析工具评估视觉影响区域，分析工具可以使用绘图数据并根据其中信息生成三维地图（图 3.1）。

图 3.1 风力发电机项目综合数据集，地图和航拍照片可以增强视觉分析流程的真实性

评价程序

参考常用客户与合作者对软件的评价结果，我们可以发现很多问题。其中那些反复出现的小问题将会清晰可见，并且可能意味着更低效、更高成本。对已完成大部分工作的行业进行评价，并互相询问对方需要什么信息是必要的。返工既浪费时间也浪费金钱，并且降低每个人的收益。如果对象或文件等信息载体需要返工，必须向合作者询问经常丢失或必须重新提交的信息，需要重新输入地图三维点或重新绘制三维对象。这一方法提高了实施 BIM 以节省执业团队和业主成本的可能性。

软件的用途和功能不会因为 BIM 而突然改变。应根据现有软件执业团队以及重要合作者与客户的评价，制定适当的软件策略。评价当前软件结构与未来潜在购置需求的一些标准如下：

- 性能要求：BIM 项目必须完成什么工作？
- 互操作性：与其他软件共享信息可达到什么程度？
- 硬件要求：软件运行需要什么硬件规格？
- 软件要求：是否需要辅助软件产品或插件？
- 网络要求：需要什么样的连接速度和安全性？（这是乡村执业团队及依赖移动设备人员的一个问题。）
- 许可证要求：是否需要个人许可证或网络许可证？软件能否同时用于不同机器？
- 培训要求：需要培训多少工作人员？是否所有工作人员都需培训到相同水平？
- 内部标准与流程变更：文件处理协议需

要符合 BIM 标准，需要软件处理这一要求。
- 软件支持：提供内部软件支持的要求是什么？需要软件开发商或第三方提供什么外部支持？

培训

正如从纸张向计算机辅助设计转变需要培训和改变风景园林执业团队的工作流程一样，BIM 实施也是如此。愿意并且有能力发展的工作人员是改革程序的基础。当前风景园林从业人员的规程提纲规定其需对 BIM 有所了解，这方面的发展将与 BIM 实施发展保持一致。风景园林从业人员需作出持续专业发展（CPD）承诺，此承诺将作为"终生学习和支持专业标准、提供理想机会以发展与维护 BIM 知识"承诺的一部分。

虽然应反复说明 BIM 不是软件，而且购买软件不应作为 BIM 进程的第一步，但是软件培训却是 BIM 实施的一个先决条件。软件能力的价值无法衡量，所以首先与当前的软件开发公司讨论未来其产品带来的 BIM 效益是很重要的，有助于评价一个执业团队实施 BIM 的潜力以及确定培训需求。对于个人和项目团队，值得重视的是分析 BIM 培训的期望结果，以及确定可应用于未来项目的具体利益。BIM 的软件人员培训应纳入现有的培训规程和企业总体战略，并应作为官方认可的持续专业发展。

选择适合执业团队需求和行业需求的专家指导很重要；对设计行业的工作人员和下游承包商和维护人员而言，因为他们需要有能力掌握、使用将要收到信息，所以，拥有风景园林经验的教练员于他们是有益的。BIM实施计划是执业团队对 BIM 采用的正式方法，培训是其中的一部分（见第 7 章）。

资格证明

严格来说，BIM 资格证明不是先决条件。但是对于希望通过购买专业知识或聘请新员工发展 BIM 实施的执业团队而言，资格证明是必不可少的。阿尔伯特·爱因斯坦（Albcrt Einstein）曾说过："如果你不能简单说清楚，就是你还没有完全明白"，业主在面试 BIM 工作的新员工时可能会发现记住这句话非常重要。

除了特定软件的资格证明之外，开发新的软件技术或改良现有技术的能力，同样对项目团队更进一步地合作与创新工作具有重要作用。同样，资格证明的范围正不断扩大，BIM 对改变现有风景园林学位课程的范围也发挥了重要作用。BIM 资格证明是由大学和专业组织颁发，并且可以授予个人或企业。但是，在撰写本书时，英国对风景园林行业的 BIM 尚无正式资格证明。

在一个执业团队采用 BIM 的初期阶段，自愿学习或在职学习的个人应该得到充足的发展。资格证明的价值只是客户和本行业给予的权重，并且当前可用资格证明的相对权重不断发生变化。但在执业团队中，担任领导职务的 BIM 从业人员的经验越丰富，对新增人员或项目团队成员资格要求就更高。

高校主导的资格证明

高校资格证明包括 BIM 的概念基础，而不需要在使用 BIM 技术和流程方面拥有实践经验。这便需要专注于外部工程领域的人员借机进行学术演讲或工作介绍，以便发展他们在精益建造和建筑 BIM 以外的知识。对于业主、毕业生而言，由此带来的知识深度和广度或许可以抵消其经验不足，执业团队同样可以通过利用毕业生的知识对制定 BIM 实施计划开发潜在方法。

专业组织

大量组织已提供"BIM 水平 2"培训。英国建筑研究院（BRE）提供 BIM 公认的从业人员课程，并且对企业提供"BIM 水平 2"认证方案。当前的能力评价基于完成项目团队工作必须使用的文件、年度费用和评价程序。

更多支持

BIM4 内部的免费支持与指导网络——构建卓越的 BIM 中心。这些由志愿者组成的组织，对执业团队如何参与 BIM 拥有广泛经验和充分了解，将有助于展示 BIM 旅程和阐明计划。

第 4 章

文件

引言

在考虑执业团队向 BIM 实施转变的一些内部问题和驱动力之后，本章重点转到"BIM 的支柱"上——管理"BIM 水平 2"及构建其流程的标准文件。此外还包括具体项目需要的一些文件。

"BIM 水平 2"对项目流程和时间安排实行标准化，而标准化的成功实施需要了解各种责任，这是项目团队的工作重点。"BIM 水平 2"项目需要特别准备、规划、制定、审查与批准一系列文件。其目的是确保每个项目参与方对将要完成的工作有明确的了解——何人、何时以及如何完成工作。低效率的传统信息流程中，客户在工程竣工时收到的项目文件可能含有错误、矛盾、重复和遗漏等情况，BIM 则提供一个不同的选择。

与"BIM 水平 2"相关的有两种文件类型：指导文件和项目文件。BIM 的支柱是指导文件，对每个"BIM 水平 2"项目和所有执业团队的 BIM 实施流程提供支持结构。然后围绕这一结构制定具体项目文件，处理技术与项目管理的主要方法，以及详细说明信息共享流程。

英国标准协会已制定了"BIM 水平 2"的项目标准。相关指导文件可以严格遵循，本书不作其他方面的建议。但需要注意一些新兴的反映 BIM 在世界各地的发展和在不同行业的实施情况的并行流程和术语。例如，早期的 BIM 从业人员对命名规则、分类体系和分类形式做出了修改，因此 PAS 1192-2：2013（英国标准协会，2013）列出的项目角色有时候也被称为"BIM 超级用户"或"BIM 倡导人"。最后，通过交流与合作、一致同意各相关方同时受益的方法，实现高质量的 BIM 实施。

BIM 的支柱

英国标准及包含 BIM 支柱的其他资源正在不断保持发展（图 4.1）。在写作本书时，本节详述的支柱尽管已经开始实施，但是将要做出改变。例如，BS ISO 19650 开始代替 PAS 1192-2：2013，也包括综合本书列出的其他标准和规范。因此，必须检查标准和工具的流通，确保项目使用正确的版本并注意到各种变更。

建造业议会 BIM 协议

建造业议会 BIM 协议（CIC，2013）的目

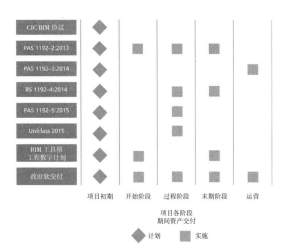

图 4.1 支持项目实施 BIM 流程的 BIM 支柱；BIM 支柱的使用应经过仔细计划，保证发挥其全部潜力

的是提供"BIM 水平 2"项目的法律基础，形成项目团队合同附加条款的基础。该协议规定了项目信息交付方法的要求和概要。该协议的主要部分涉及法律的关键方面：判定责任所在及确定知识产权问题，如许可使用权、责任权、变更管理权和所有权。该协议还详细说明了信息经理（见第 6 章）的职责及确保职责效率的步骤。BIM 协议的两个附录说明了具体的项目问题，这两个附录需要确定项目的信息要求和完成信息产品的责任列表，说明何人创建信息。

BS 1192：2007：建筑工程信息协同工作规程

该规程（英国标准协会，2007）是"BIM 水平 2"的基石，并且被本书列出的其他规程直接或间接引用。该规程规定了"BIM 水平 2"管理需要的角色及其职责。它也详细说明了如何管理信息的公共数据环境，以及如何命名和组织目标的标准方法和标准程序。本书撰写时，BS 1192：2007 正接受重新检查。

PAS 1192–2：2013：利用 BIM 对资产的基本建设 / 交付阶段进行信息管理的规程

PAS 1192–2：2013（英国标准协会，2013）提供了"BIM 水平 2"项目交付管理指南。该规程详细规定了设计与施工阶段相关的所有角色及其职责，并且也采用了 BS 1192：2007 的规定对项目各个阶段的时间作出安排。

BS 1192–4：2014：使用 COBie 满足业主信息交换要求的信息协同工作规程

COBie（施工运营建筑信息交换）对资产整个生命周期的信息交付提供了一个信息交换机制。COBie 实施规程（英国标准协会，2014b）规定了信息传递的方法，允许业主、资产管理人员和设施管理人员详细说明他们的预期值，并保证信息提供者（包括首席设计师和承包商）做好对可得信息的准备。第 18 章将对 COBie 作更详细的讨论。

PAS 1192–5：2015：建筑信息模型、数字建成环境与智慧资产管理安全规程

该文件（英国标准协会，2015）概述了建成环境项目存在的潜在安全问题，以便各相关方可以有意识地采用安全方式进行工作。

PAS 1192–3：2014：BIM 项目资产运行阶段信息管理规程

该文件（英国标准协会，2014a）保证在交付阶段向资产管理人员和运营团队交付精确、完整和明确的信息，并说明在资产整个生命周期如何保存和使用相关信息。

政府软交付（GSL）

政府软交付包括可从 BIM 工作组网站获得的一系列文件（政府软交付，2013）。这些文件规定了与设施管理和运营管理团队，以及资产用户相关的交付流程的新形式。政府软交付的目的是通过实际竣工之后的设计与施工团队的参与，能够更稳定地过渡到资产运营阶段。

BIM 工具箱 / 工程数字计划

此支柱是一项由政府发起的、基于网络的免费资源（美国国家标准局，2015a）。该文件与其他项目文件共同发挥作用，提供责任和时间安排方面唯一、真实的表述。在众多项目管理工具中，该工具箱包含 BIM 的其他两个支柱：工程数字计划（DPoW）和分类体系 Uniclass 2015。

工程数字计划与项目管理工具同时用于制作模型生产和交付表（MPDT），应以此表作为 BIM 协议的附录 1，用于详细规定建模责任和交付信息所需的细节层级（更多关于细节层级的信息见第 19 章）。

Uniclass 2015

Uniclass 2015（美国国家标准局，2015b）提供了一个建筑行业的统一分类体系，通过该体系可以采用常用方法组织建设项目的大部分信息。在风景园林、建筑、工程和基础设施项目中，该体系能够对项目从在建的设施类型到独立的产品部件的各种对象进行分类，适用于分类项目管理信息。

项目文件

"BIM 水平 2"项目整个生命周期存在很多项目文件，详细说明具体信息责任和流程。本节对设计与施工过程中发挥重要作用的部分文件给出简单介绍，第 11 章介绍了更多有关项目文件实施的信息。其中两个重要的项目文件是业主制定的"业主信息要求"和项目团队制定的"BIM 实施计划"。

项目文件发展经过三个不同阶段。第一个阶段是项目文件开始与评价，此阶段包括在 BIM 环境的工作能力、人力资源规定和信息技术能力。第二个阶段是项目实施，项目文件对何时商定项目工期、将要交付的内容、如何交付与何时交付规定了具体方法。第三阶段是修订。BIM 项目文件应保持有效，不仅是指文件在整个项目周期持续使用的意义，而且包括其修订和发展方法。根据项目期间出现的变化，特别是信息或项目管理方面的问题，项目文件需要实时更新。

用于管理项目的文件，与各相关方之间的合同具有同等的法律效力。虽然所有的 BIM 文件被默认是合同文件，但仍需要法律文件保证其法律地位。

业主信息要求（EIR）

业主信息要求详细规定了项目期间必须创建的信息，并形成一个作为 BIM 协议附录之一的合同要求。业主信息要求可以由业主自己制定，也可以通过代理商（如项目经理）制定，它是每个项目阶段开始之前发布并修改的技术文件；第 8 章将对业主信息要求的内容作详细介绍。

BIM 执行计划（BEP）

项目团队根据业主信息要求制定 BIM 执行计划，说明如何创建、共享和使用项目信息，可以通过进度表、图纸和设计进行直观表示。虽然每个项目都采用通用框架，但其 BIM 执行计划各不相同。BIM 执行计划应通过团队合作制定，保证计划内容包括项目和团队的独特细节。每个拟议成立的团队成员负责确认与其职责重叠的其他团队成员，并指出这些重叠是技术重叠还是空间重叠。例如，如果加固坡道或可持续排水系统属于计划的一部分，那么此部分需要与风景园林师和土木工程师保持联系。项目团队应协调整体与各成员之间的行动，保证在规定时间内按计划启动项目工作流程时具有可用、适当的人力资源——这是 BIM 项目的规划工作方法与传统方法之间的一个主要差异。

参考资料

BSI（2007）*BS 1192：2007 Collaborative production of architectural, engineering and construction information. Code of practice.* London：British Standards Institution.

BSI（2013）*PAS 1192-2：2013 Specification for information management for the capital/delivery phase of assets using Building Information Modelling.* London：British Standards Institution.

BSI（2014a）*PAS 1192-3：2014 Specification for information management for the operational phase of assets using Building Information Modelling.* London：British Standards Institution.

BSI（2014b）*BS 1192-4：2014 Collaborative production of information Part 4：Fulfilling employers' information exchange requirements using COBie. Code of practice.* London：British Standards Institution.

BSI（2015）*PAS 1192-5：2015 Specification for security-minded building information modelling, digital built environments and smart asset management.* London：British Standards Institution.

CIC（2013）*Building Information Model（BIM）Protocol：Standard Protocol for use in projects using Building Information Models.* London：Construction Industry Council.

Government Soft Landings（2013）*Government Soft Landings micro-site.* London：Department for Business, Innovation and Skills. www.bimtaskgroup.org/gsl.

NBS（2015a）*BIM Toolkit.* Newcastle upon Tyne：RIBA Enterprises. https：//toolkit. thenbs. com.

NBS（2015b）*Uniclass 2015.* Newcastle upon Tyne：RIBA Enterprises. https：//toolkit. thenbs.com/articles/classification.

第 5 章

合作者

引言

BIM 的目的是减少成本和改进工作规程，同时提高建成资产生命周期的施工、管理和重建阶段的质量和可持续性。工程师、设计师、承包商、设施经理和业主在实现这些目标的过程中具有重要作用。本章介绍致力于实施 BIM 项目的团队，并将重点放在执业团队实施 BIM 后变化的本质。

BIM 的核心是合作，由此促进产生更多的综合设计团队。风景园林从业人员始终从专业的角度把建成环境与自然环境联系在一起，在 BIM 技术领域中也是如此。当整个项目团队从一个模糊的"真理之源"向更清晰明确的共同目标努力时，一定会使合作能力更高、建设风险更低、建成结果更佳。

项目合作者

为什么要寻求更好的合作方法及协调顾问、供应商和承包商之间的信息？因为实现设计阶段的最低成本需要有改变资产性能的能力，如 MacLeamy 曲线所示（图 5.1）。此外，如果一个项目团队成员在不检查其他成员工作的情况下独立工作，可能会导致在设计阶段或项目施工阶段重复部分成员的工作，由此导致成本升高。在设计阶段的跨行业信息共享，毫无疑问可以减少场地施工错误的数量。

BIM 环境的合作意味着什么？"BIM 水平 2"需要与 BIM 执行计划的项目团队合作，即整个团队执行 BIM 计划（图 5.2）。从广义上说，协同环境是所有项目团队成员了解彼此的工作和责任，及其与整个项目之间关系的环境。责任与职权已明确，相互关系取决于开放性与合作。清晰的合作流程保证顾问采用相同的信息、在相同的模型下同时工作，因此某个顾问做出的改变也会在其他人的模型中显示。本节重点放在合作式 BIM 环境中的主要合作伙伴。

业主

"业主"这个通用术语是指购买 BIM 项目的一方，通常拥有交付资产的所有权。"BIM 水平 2"让业主能够通过业主信息要求、BIM 工具箱和政府软交付制定项目简介和投资项目。此外，业主还管理各相关方所在组织与项目团队之间的合作。例如，确保向各相关方发布的信息 [信息交付阶段（data drops）或信息交换列表] 能够得到各利益相

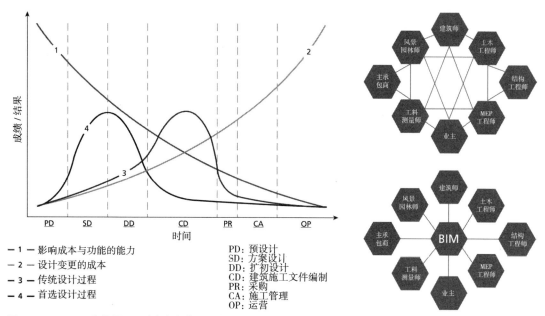

图中标注：

1 —— 影响成本与功能的能力
2 —— 设计变更的成本
3 —— 传统设计过程
4 —— 首选设计过程

PD：预设计
SD：方案设计
DD：扩初设计
CD：建筑施工文件编制
PR：采购
CA：施工管理
OP：运营

图 5.1 MacLeamy 曲线展示了成本考虑的新方法

图 5.2 拥有一个真实中心点的 BIM 项目交流

关者的同意。

对于 BIM 项目，项目团队需要考虑业主的 BIM 成熟度；业主应了解 BIM 流程的预期收益，并确定如何使用建成资产的信息模型。BIM 成熟度较低的业主，在制定业主信息要求和政府软交付要求期间可能需要指导。BIM 项目应为业主提供减少风景园林及资产生命周期成本的服务，并提供可靠的开发过程。项目团队可能需要了解业主是否已制定业主信息要求，如果有，则需要进一步了解由谁制定、谁负责投资，以及预定目标是什么。项目团队可能还需要检查业主是否制定了必要的具体性能指标。

风景园林经理与设施经理

业主应尽早任命设施经理，目前可根据 GSL 和 PAS 1192–2：2013 对设施经理授权（BSI，2013）。早期参与包括：设施经理说明

在项目竣工之后如何向其交付，并对其参与成本和资源分配提供一个重要机会。

设计师、工程师及其他顾问

以上人员在建成环境行业领域之间的责任范围有许多重叠区域。以上各方应对流程与技术之间的相互影响和相互关系达成一致，确保明确的专业划分。没有任何行业能够完全了解另一个行业的工作规程，因此实现要求与预期目标的相互了解将有助于推动追求共同目标。在某些阶段，尽管设计师和顾问发挥的作用将超过其他人员，但与项目团队其他人员进行交流依然重要，如此才能保证开发模式适合所有人。

项目经理

项目经理仍负责责任分派和 BIM 规划，但可以应用其他工具严格安排实施进度。明

确规定项目团队每个成员的作用与职责，以便团队成员符合项目计划的能力保持透明。另外，BIM 环境提供了一些不属于项目经理工作范围的项目管理等方面的新职责（在第6章讨论）。

主承包商

主承包商在 BIM 项目生命周期的早期进行投资，因此可从开始阶段结合他们在施工与设计协调管理方面的知识。BIM 能够及时通知主承包商，以及更有效管理项目的后勤工作。主承包商将在施工甚至更早阶段承担首席设计师和项目经理的责任，负责以同样的风格实施项目。"BIM 水平 2"并未规定设计与施工的合同结构，它可以在任何合同环境或团队结构环境中工作。

专业承包商

专业承包商与主承包商类似，在设计过程中投资，以免在项目施工之后出现实际返工或设计返工。如果承包商提供的信息从一开始就与 BIM 模型存在重要关系，则极有可能被保留在资产整个生命周期中。

供应商

供应商可采用各种数字格式介绍其产品信息，并将相关信息并入项目团队的 BIM 资料库。产品数据模板（PDTs）采用简单的标准化方法提供详细的产品信息（见第15章）。通过利用动态对象，供应商可以在项目早期阶段提供更迅速的报价、估价和规格；即使业主信息要求或 BIM 执行计划没有明确要求，动态对象也可能提供帮助。虽然供应商的具体信息主要与项目的施工阶段有关，但通用对象也可用于设计阶段，之后再由具体的生产商对象所代替。早期信息提供也有利于生产商，可指明所需产品及交付时间表。

公共设施

获取公共设施信息是一项挑战。公共设施可能位于私有土地，并且在登记册中未曾提及，而且公共设施公司的记录并未始终表示建成公共设施的所在地点，有时候只是可用的指示性规划。因此，现场调查可能是确定现场设施及其位置的唯一方法。虽然公共设施供应方可以通过共享信息避免乙方及用户损坏地下公共设施，由此节省大量开支，但供应方当前并没有义务为设计与施工流程提供精确的数字计划。业主信息要求和 BIM 执行计划调查战略（第13章将详细讨论）可以强制获取与共享精确的场地信息，可以降低建成环境项目的一个主要风险，即无法预料的土地条件。

法定授权

通常情况下，法定授权采用可计算的格式（多采用基于地理信息系统形式）提供风景园林名称及其管理资产的信息。环境、食品和农村事务部的 MAGIC 资源，保存了英国农村、城市、沿海和海洋环境的地理资料，采用交互式在线地图有效地展示信息，但是不能直接下载和使用。对于建成环境项目而言，英国地形测量局数据虽然不是全部免费，但这是通过可计算格式获得更加有效信息的来源。

发展项目团队

执业团队可以通过多种途径实施 BIM 标准和流程来获得效益。例如，使用符合"BIM 水平 2"标准的文件命名策略将有可能改进信息流程，BIM 相关软件包的培训将有助于工作人员的发展。但如果整个项目团队都采用 BIM 方法，将会产生更大收益，而且项目团队有能力分享这些收益。

合作的核心意义"协同工作"应成为 BIM 实施的重点，而且也是 BIM 项目环境的重要部分。具有合作精神的从业人员乐于与其他行业的设计师合作，他们意识到自己不能一直独自解决问题，需要与其他人协商解决困难。BIM 流程由工作人员，特别是具有合作精神的工作人员策划与交付。

有很多方法可以获得建设项目设计团队的服务，其中部分职务交错，导致有些团队成员将会参与项目的全部过程。因此，可以在 BIM 项目文件通过之后，在项目进行期间增加新的承包商或顾问，另外一种选择是业主同时任命。对于从一开始就参与项目的风景园林从业人员，BIM 提供一项重要利益，允许项目团队从一开始共同决定工作方法，并且保证听取所有对设计产生影响的意见。这意味着风景园林设计师可以在早期的构思概念阶段对场地各对象的安排提出意见，这些可能是其他顾问的主要职责，这同时意味着每个阶段的信息共享可以在项目启动之前皆被纳入其中。

独立 BIM 与联合 BIM

"独立 BIM"是指独立产生、没有与项目团队其他成员合作或共享的信息模型。从业人员可以以其最大能力使用软件模拟出一个给人深刻印象的复杂对象，但若没有应用共享信息，那么此模型能力的有效性是有限的。独立 BIM 并不能利用 BIM 的全部力量，利益相关方和合作伙伴的参与揭示了他们所需要的信息，并释放协同 BIM 环境对业主和从业人员自身发展的全面利好。

在采用 BIM 的初期阶段，发展过程或许很长，因此执业团队希望从这些变化中看到适当的利益。变化的特征可能表现为上游、平行和下游（图 5.3）。例如，上游变化是首席顾问结合设计工作及其自身工作，提供有意义的可视化、冲突评价或其他结果。平行变化出现在同时工作并使用彼此输入信息的各相关方。下游变化影响在设计师工作完成之后才开始其主要工作的各相关方，例如设施经理、维护和整修承包商。

如何使用设计工作或设计过程产生的信息并不一定总能预见。此外，上游、平行和下游项目参与方都需要信息，才能履行自己的义务。所以，BIM 的结构化信息管理程序保证项目团队成员均可使用全部相关信息，并以高完备度和其他人可以使用的格式提供。

BIM 并非从业人员单独工作，而是通过合作帮助其他人的工作或从其他人的工作中获

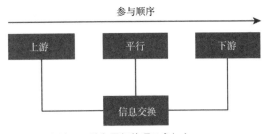

图 5.3　上游、下游和平行的项目参与方

得帮助。这个核心概念必备的是 BIM 一个重要组成部分——数字信息。无论是业主希望实现公众咨询可视化、排水工程师需要计算管理雨水总流量，还是设施经理想要了解工地需要的人工数，BIM 都能提供更有效的方法得到这些结果，并且更好地满足各相关方的要求。

改变过程

BIM 正在中短期内改变建成环境领域，但不是该行业所有问题的应急措施。在组织层次上也是如此，BIM 不可能一蹴而就。BIM 进程是一个渐进的文化变迁过程，而不仅是购买新软件和实施新项目文件管理系统的问题。BIM 需要对实践系统和流程进行评估，后续的改变应该经过规划、管理和分阶段实施，而非强制实行、一蹴而就，否则可能形成破坏并使实践机构面临风险。改变信息管理流程相关的问题如下：

- 正在全面使用的信息是否创建于项目内部？
- 是否所有合作者都可使用项目产生的信息？
- 为了提高项目团队的工作，还能做些什么？

执业团队了解 BIM 带来的变化本质非常重要，由此工作人员便能够了解当前发生了什么、未来会发生什么以及不会发生什么。每个成员可以规划自己的工作，以适应执业团队发展的能力。BIM 期间的变化过程并不意味着专业设计师或工程师的作用不再重要甚至不再需要。变化的是结果、产生结果的过程，以及工具的使用方法，而工具本身实际上没有变化。BIM 的目的是简化流程，通过提供更好的信息，进一步了解早期设计方案的结果，节约时间，让设计师能够专注于设计。

参考资料

BSI（2013）*PAS 1192-2：2013 Specification for information management for the capital/delivery phase of assets using Building Information Modelling.* London：British Standards Institution.

第6章

职位

引言

与上一章描述的专业职位不同，本章介绍 BIM 具体项目的职位。BIM 具体项目的职位包括：信息经理——负责制定、存储和共享信息；对接经理——负责与顾问设计责任重叠的工作；政府软交付倡导人——协调交付团队工作和客户方面的要求。BIM 职位包括一系列工作和责任，并不需要对应到具体个人，可能分配至一个人或几个人，也有可能出现一人身兼多项 BIM 职位的情况，例如，一名风景园林师除了负责自己的专业设计工作之外，还担任信息经理的工作。这些职位可能由业主分配，也可能由项目团队分配。本章简略介绍了一些新职位，其具体职责内容详见第 12 章。

背景

大部分记录在案的相互配合出现在"BIM 水平 2"项目的顾问之间，信息经理和对接经理推动了这些配合。项目团队或业主任命总体项目的信息经理（图 6.1），每个任务小组（负责交付项目具体方面的子团队）设有一名任务小组信息经理和一名对接经理；这些职位也可以由同一个人承担。虽然任务小组的职位并不都是新职位，并且，迄今为止，很大程度上是在临时的基础上履行的，但其在 BIM 中的明确定义成为合作和信息管理的坚实基础。这些职位使项目团队内部的透明度更高，能够让各相关方受益，更好地了解团队将要进行的工作，实现更稳定的项目运营、

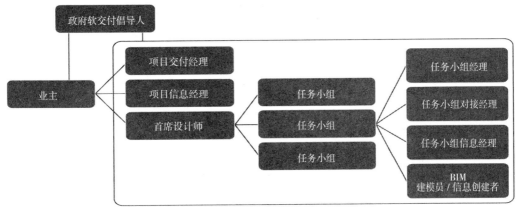

图 6.1 "BIM 水平 2"职位的相互关系

更低的成本和更少的返工。

此外，尽管"BIM 水平 2"标准并未提及，也并未作出正式规定，但该行业已应用了 BIM 协调人和 BIM 经理的职位。作为预定职位，其具体责任各不相同，但通常与设计信息管理和 BIM 标准实施有关。

信息经理

项目团队信息经理负责维持公共数据环境，以及确定项目文件如何命名和保存。信息经理可能没有任何设计输入，但必须最终负责文件保存格式及项目团队共享之前的文件处理。信息经理负责解决互操作性问题，确保项目团队规划相应的信息交换。这种管理水平既保证了项目团队成员共享的信息与文件符合业主的要求，又将其提供给需要使用的人员。

对接经理

每个任务小组任命一名对接经理，负责顾问之间的专业和技术对接工作，提倡任务小组之间相互合作以及设计之间互利共赢。其职责可以包括定义某专业创建的对象在何处能影响另一专业设计的对象。例如，具备可持续排水系统的天然活动区，涉及空间和技术对接，在 BIM 项目中，对接经理将负责确保这两个部分有效发挥功能。

政府软交付倡导人

政府软交付倡导人属于第三方服务商，在项目阶段与各相关方保持联络，检查正在进行的工作、反映业主和用户的要求以及团队完整的交付准备工作。

其他职位

"BIM 水平 2"标准包含的其他职位如图 6.1 所示。任务小组经理负责批准工作问题，BIM 建模员创建模型，业主代表与技术顾问代表了业主团体，他们还负责制定项目愿景和管理价格报酬。设计领导和承包商领导是项目的一级领导。

信息管理的重要性

信息管理促进信息相互贯通，这意味着更多可用的信息。例如，标准化产品数据表为风景园林师提供设计规范数据，后勤经理利用相关信息计算运输成本，工料测量师能够对比产品并保证按照成本参数运营项目。

合理、负责任的决策需要可靠的信息。BIM 创建了贯穿整个项目生命周期的决策程序之间的连接、满足业主具体要求的结构，以及可用于评估项目的衡量标准。BIM 环境的标准化意味着对变化更紧密的控制，以便业主和项目团队成员收到的信息能够提供更稳定的决策平台，从而减少后期的设计变更、提升质量、确保确定性，并降低成本。

共享标准化信息的同时能够进行碳减排、重复利用和减少浪费方面的计算，有利于可持续性目标。当然，没有标准化文件也可能实现此目标，但是在 BIM 项目的设计阶段使用这些信息将能够带来最大效益。

第 7 章

BIM 实施计划

引言

在执业团队（项目）内部实施 BIM 需要制定计划。在考虑组织意义与先决条件、相关人员与技术，以及流程管理标准之后，本章重在制定 BIM 实施计划，它是"BIM 水平 2"项目准备工作的最后一步。

该实施计划用于管理执业团队实施 BIM 的流程，也是整个 BIM 进程的主要规划工具。作为一个工作文件，该计划需要根据团队内部变化和外部环境变化进行定期审查。除此之外，该计划说明了 BIM 对于执业团队而言的意义，它与执业团队的愿景和商业计划一同清晰地说明了未来的重点。本章概述实施计划的内容，并着眼于该计划的形成因素。

BIM 实施方法

我们建议将实施过程分成四个阶段。第一阶段是确定业务案例或说明变更的理由，确定执业团队想要实现的战略结果。第二阶段是评价当前的流程和结构，及其与业务案例的一致性程度。第三阶段，在了解执业团队的目标所在、现有工作方法与目标的关系之后，执业团队可以制定一项能够实现其目标的战略计划。第四阶段，在实施之后，可以根据初始业务案例审查这些变更，以便确定是否已实现预期目标。这可能是一个循环过程或一个直线发展过程，但不论哪种情况，其目的都是要了解实施 BIM 的理由、相关变更的性质以及执行变更的最佳方法。

BIM 实施的循环、迭代过程（图 7.1）多次迅速转入各个项目阶段。这一过程能够完成早期发展，快速突出在转入下一个阶段之前的问题。循环法是 BIM 实施区域中应用较少限定结果（最终结果尚未明确）的最佳方法。另外，直线式或瀑布式方法（图 7.2）应用于相同阶段，但只能应用一次。它给出了明确的项目目标，也是在充分理解项目目

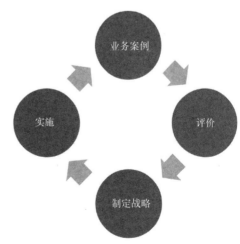

图 7.1 实施循环

图 7.2　实施流程

标之后的最佳实施方法，因为几乎没有返回到最初决策的余地。

实际上，BIM 实施流程很少出现全部连续或循环。不可能采用一个简便易行的方式完成规划、测试和实施过程；而更多的是多流程齐头并进，或者一些小型子项目共同实施 BIM 的不同方面。

本章将详细介绍制定业务案例、评价、制定战略和最终实施这四个阶段。

业务案例

决策者通过考虑执业团队引入的 BIM 变更类型（可能包括技术、流程、业务和团队能力等方面的变化），抓住 BIM 实施的战略意义。这些变化分析可能包括下列问题：

- 驱动力是什么？是更高的效率，还是获得更多工作？
- 预期变化范围是什么？大范围还是小范围？是否以不同方式影响执业团队各个部分？
- 谁会受到影响？人员职责是否改变？
- 需要落实什么政策？
- 需要改变哪些流程？
- 执业团队想要实现的目标是什么？思维和理解上需要有哪些不同？执业团队是否准备就绪？

BIM 实施业务案例是进行变更的理由，并对继续 BIM 实施项目提供最终试验。此外，

作为一个管理工具，它还在交付实施过程中实现了方法的一致性。

愿景

BIM 愿景的首要主题是发展 BIM 实施。它将执业团队的现有战略和愿景连接在一起，因此 BIM 实施代表了当前战略计划的连续性。该愿景确定了执业团队在每个阶段的位置，并向客户指明了执业团队的发展方向。BIM 愿景应使用简明语言进行全面描述，以便让所有人都能够清晰地理解。

执业团队设法从 BIM 实施中取得的利益应该与 BIM 愿景保持一致，并通过这些利益衡量 BIM 实施的价值。BIM 实施获得的不同利益类型，取决于执业团队如何运作。这些利益表现为：

- 多样化：提供更多服务；
- 效率：以更低成本提供相同服务；
- 改进：提供与竞争对手相同或超过竞争对手的服务。

利益可以分成多种类型，并应可以通过计量来监控进展情况。

成本

在 BIM 实施期间，必须有效管理涉及的财务问题。主要是出现在管理和实施过程中的时间成本、培训成本和软件成本。所以，我们应该制定好成本计划，衡量进度情况，减少成本问题带来的损失。

时间表

BIM 实施流程的时间表管理包括制定计划、设定里程碑和定期审查。甘特图（Gantt charts）等工具可用于形成合理、可明确管理的事件顺序。频繁的审查周期通常是最合适的方法，这取决于现有的资源。但是很多创新流程可以循环运行，因此更难判定这类流程的开始和结束，尤其是在没有完全了解结果的情况下。对业务案例进行的进度审查应能够被有效监控，并在向前实施过程中制定明智的决策。

绩效指标

业务案例应该包括关键绩效指标（KPIs），涉及执业团队的自身战略、文化和能力等方面。英国建筑研究院和《卓越建造》（Constructing Excellence）期刊等机构的研究可用于决定相关的指标。

风险与机遇

与所有创新战略一样，风险管理是确保 BIM 实施成功的基本部分。管理风险不仅要限制和减少损害，更要为业主和执业团队提供机遇和利益。此外，在避免或改善风险时，节省的成本也可认为是一项利益。风险及其产生的机遇分类如下：

- 战略：影响总体业务策略。

例如，战略风险可能是对 BIM 而言的一项有缺陷的业务案例，或在 BIM 实施过程期间没有提供所需的变更。而战略机遇是指有机会扩大新市场或提供新业务的可能性。

- 经营：出现在产品供应期间。

项目的设计或人员配备成本提高，或信息损失带来的经营风险；开发降低成本的新工作流程是一个动态的机遇。由于在收到付款之前，执业团队一直处于负债经营状态，所以，实际上经营风险与财务风险是相关的。

- 财务：包括与执业团队经营及整个建成环境行业有关的所有风险。

财务风险是指高成本、高支出的经营方式导致的投资回收率低；财务机遇是指发展提高收益可能性的服务或减少开支。

- 合规性：与项目的法律要求有关。

合规性风险是指未能遵守项目要求的标准和规范，实施项目标准和英国 BIM 标准能够减少对项目进行意外、无报酬修改的可能性，并为执业团队提供更大的财务保障。

- 外部：超出执业团队的控制范围。

外部风险是指软件开发公司停业；外部机遇是指可提高工作质量的新软件。

BIM 具体风险

涉及 BIM 实施的常见具体问题如下：

- 竞标

因为"BIM 水平 2"环境投标过程的运作方式不尽相同，而且需要额外的资格预审资料，因此执业团队在符合新标准方面可能出现一些初始误差。

- 市场准备

虽然有人认为建成环境领域至今为止仍未能提供 BIM 的需求，但现在已有大量高水平的 BIM 执业团队与风景园林行业人员正在逐渐做好提供和使用 BIM 的准备，其他行业也是如此。当然，在实现具体项目目标所需的准备阶段，仍存在一些业务流程或软件使用未满足要求的风险。

- 合同

合同必须包括正确的法律文件和 BIM 文件，确保 BIM 流程是项目中的一项法定义务。除非合同中已有关于 BIM 法律地位的具体附录，否则合同必须保持 BIM 优先性。合同应包括 BIM 协议（CIC，2013），该协议的两个附录详细规定了信息交付的内容和时间安排方面的业主要求。

- 模型所有权

BIM 协议包含模型所有权，并保证在业主合同中达成合议的知识产权的合法权利。

- 法律问题

到目前为止，尽管"BIM 水平 2"标准在很大程度上仍未经过判例法检验，但法律挑战仍有可能改变实施要求。尽管很多法律界人士对 BIM 的兴趣相对缓和，但人们对模型责任的关注度持续上升。必要时，在 BIM 实施的具体方面我们应该寻求专家的意见。

评价

BIM 的业务案例可以针对现有的项目流程进行评价。鉴别上述风险和机遇所涉及的人力资源和信息技术基础设施，也有助于阐明执业团队当前的 BIM 能力。评价程序的目的是增强对组织环境和组织文化的了解，鉴别集成化 BIM 工作流程的机遇。评价周期包括该项战略及随后实施将如何影响一个执业团队的现有流程。执业团队要在标准化和创新之间寻找平衡，在对一致性需求的背景下衡量其反应性和灵活性。

我们可以对现有的工作进行定性或定量评价，包括它们的优势与不足。比如，如果想要通过实施 BIM 改善工作流，制定在新旧两种体系下完成工作的设计标准，我们可以进行一场"以子之矛、攻子之盾"的对比，或者采用更复杂的方法，比如使用业务流程或功能过程建模（如 IDEF0，功能建模综合定义）、使用项目管理技术（如 Prince 2）或敏捷技术（如 SCRUM）绘制流程图。在确定方法之后，可通过检查现有流程了解当前的合作流程，以及如何管理工作量、执行工作和制定交付文件。

标准化与创新

这一评价要素首先可检查执业团队的现有标准与 BIM 实施有何关联，例如，项目的人力资源分配或软件使用。分析执业团队内部已出现的改变非常重要，并且此过程可以突出对带动和实现改变起关键作用的工作人员。

流程与技术

BIM 是通过技术实现的一项流程，但流程与技术之间的关系较为复杂。详细规划执业团队正在使用的硬件和软件，可以说明其能力及其发展机遇所在。因为出现流程变化的区域会影响如何投标及管理项目，所以这些区域应该及时被确定。

保险

管理良好的 BIM 流程可以减少执业团队的风险，保险公司也能够对实施新流程方面的保险问题提出建议。在讨论 BIM 的职业赔偿保险时，我们需要重点考虑信息管理和将要承担的具体 BIM 职位与职责。保险公司可以查看 BIM 实施及执行计划所有的相关文件。影响执业团队保单的问题包括：

- 除数字文件或模型损失责任外的条款；
- 数字信息的特殊存储或备份要求；
- 执业团队是否拥有公共数据环境；
- 执业团队是否正在承担信息管理职责；
- 将要使用的 BIM 协议；
- 每个阶段要求的细节层级；
- 数据交换及问责与审计措施；
- 自动模型检查软件的责任限制。

英国风景园林学会的"职业赔偿保险技术咨询注意事项"（英国风景园林学会，2013）提供了更详细的指导。

制定战略

获得工作

投标 BIM 项目意味着在资格预审调查阶段处理额外问题。PAS 91（BSI，2013）是建成环境领域的标准资格预审调查表，含有制定资格预审调查表的指导。虽然标准化评价文件提供证明一般能力的机会，但还需要预期项目团队成员之间更深入的评价，以便保证任务小组能够有效地共享信息。

作为 BIM 项目投标的一部分，用于评价执业团队 BIM 能力和信息技术能力的文件是必须的，因此我们也需要考虑未来的投标流程。通用 BIM 评价表可从建设项目信息委员会网站（www.cpic.org.uk/cpix）上获取。如果用于制定业务案例和评价现有能力，那么这些表格对实施战略目标也是有帮助的。

项目管理

如上一章所述，"BIM 水平 2"出现了很多新职位。顾问需要依照这些新能力和新方法管理交付成果的工作，以免出现经营风险和财务风险。

流程

"BIM 水平 2"将对多种操作实行标准化，这并不意味着设计创新与创造的结束，而是相关计划的开始。团队成员之间和项目团队内部信息传递的本质影响了信息产出的质量，这些工作流程是否高度结构化或特殊化？如果信息需要返工，如何对其进行管理？ BIM 工具箱将判定每个阶段需要交付的成果及其细节层级。

项目文件

"BIM 水平 2"流程是一个高度文档化的流程。管理此类信息的方法不仅需要考虑将要使用的 BIM 文件本身，还应考虑如何制定、修改和审查这些 BIM 文件。

软件

风景园林从业人员需要使用设计、合作、规范及成本等软件工具和更高程度的植入信息，来创建 BIM 项目所需的信息。这将有助于了解将要输入的信息，可以通过需要输入和输出的信息来执行行动。此流程展示了几何图形和信息如何从一个软件包传输到另一个。文件命名、层命名或对象命名标准不仅需要与"BIM 水平 2"标准保持一致，还需要考虑保证可重复使用和可编辑数字信息的其他流程。通常情况下，浏览器访问软件服务是必须的，此外，为了安全起见，它还需要保持更新。如果当前使用的浏览器不支持该软件，则需要更换浏览器。

许多主要软件供应商目标领域的 BIM 解决方案明显超出风景园林领域，因此其风景园林规定可能无法满足要求，可选择与小型软件开发商合作，修改现有的软件或研究新的软件包，使得解决方案更适用于风景园林执业团队。尽管执业团队现有的操作系统决定了可以使用哪些软件包，但是仍应重点考虑寻求能够产生所需交付成果并满足执业团队要求的软件包。

硬件

"BIM 水平 2"依赖于文件远程存储在公共数据环境 [见 BS 1192：2007（BSI，2007）的定义]，因此需要适当的局域网和互联网连接。检查软件说明是必须的，以确保软件与现有硬件和网络相兼容，供应商网站或代表可以提供相关信息。

信息技术安全

数据安全与完整是 BIM 环境的主要问题，所以信息共享与信息存储协议需要接受审查。通常，执业团队应确定其信息技术安全要求独立于 BIM 实施流程。但是与 BIM 环境有关的信息技术安全考虑事项和安全策略，也应纳入相关的业主安全协议。高度敏感的项目将需要更高的安全级别。PAS 1192-5（BSI，2015）适用于具有安全意识的项目，并需要具体的信息管理规程，此外，执业团队也需要符合建成资产信息安全的要求。

用户政策

用户政策确保正确管理执业团队和项目团队内部的安全和访问。用户等级制度限制了大部分用户（包括管理人员）安装软件的权力，是管理信息技术安全的首选方法。

标准化

为了支持 BIM 带来的改变，我们需要更新一些实践标准，并将这些标准归并到现有的事务管理文件中，伴随 BIM 实施的发展进行定期审查。

创新

包括 BIM 风景园林应用软件在内的许多 BIM 的学术研究已经完成，这可以称得上是一项创新战略。可用的其他资料来源有：buildingSMART 指南、BIMTalk 网站以及英国风景园林学会网站的 BIM 版块。

培训

软件使用与"BIM 水平 2"所需流程和操作变化的新标准，都需要进行工作人员培训。

实施策略

实施 BIM 不是一次性完成，而是随着时间推移不断重复，建立在吸取经验教训的基础上。在设置目标与计划表之后，可以开始考虑对项目 BIM 方案的实施。

试行

在使用 BIM 流程和技术之前，需要测试其内部能力和合作伙伴的能力。检查项目团队成员之间的信息连接，有助于避免将来出现低效率配合的情况。试行是指简单的基本软件操作，例如共享采用新命名规则的文件、检查是否达到预期效果、保证模型处于正确位置以及采用可使用格式传递信息。

竞赛

当前很多竞赛可以自由参加，例如 Build Live 和 BIMStorm，提供在整个精简项目中与其他团队进行 BIM 合作的机会。

试验项目

试验项目从检查软件到与其他顾问合作都具有很高的透明度，并可以从实施过程中吸取丰富经验，有机会关注一个项目的特殊方面，有助于在特定实施领域的实现发展。

实际项目

其实，在实际项目中逐步实施 BIM 是有可能的，这样 BIM 实施的部分成本将可以包含在项目费用中，获得的经验教训也可以直接用于未来项目。但是这一做法很难评价实施结果，所以项目团队需要在审查发展、学习与适应过程中花费更多的时间。如果实践证明 BIM 准备不够充分，备选方案应是保持原样。

培训策略

人员是 BIM 实施的最重要资源，所以，培养人员能力是关键。评价个人的现有技能和培训需求是重点，范围从对 BIM 流程的认识到软件的操作。但实际上，对执业团队各级人员的一般政策是帮助达到基本的 BIM 能力，例如管理人员具备审查 BIM 输出结果的能力。

技能登记表可用于记录团队成员的 BIM 能力和未来培养其技能的预期值。一些工作人员渴望发展，而有些人则需要提醒其专业发展和个人发展的好处。总之，在培训方面投入的时间和金钱必定获得回报，执业团队也能够更好地实现自己的目标，并且将在更有效使用现有资源、提高工作人员能力和吸引更高能力人才等方面获得回报。

培训应该与风景园林有关。无论是风景园林专家还是风景园林专业机构或特殊部门提供的培训，都能够带来显著的效益。培训可以选择自主学习、内部培训会议或正式的外部培训课程等方式，根据执业团队的自身条件而定。如果是从零开始，最好聘请一名教练对软件和交互会话进行简单介绍。培训也适用于"BIM 水平 2"流程，所有培训都应该与项目有关，或在试验项目中进行。除 BIM 核心工作人员以外，项目的培训课程或训练都是提高能力的好方法。同样，自主学习也很重要，特别是阅读"BIM 水平 2"文件、测试软件及其新思路。

参考资料

BSI（2007）*BS 1192：2007 Collaborative production of architectural, engineering and construction information. Code of practice.* London：British Standards Institution.

BSI（2013）*PAS 91：2013 Construction prequalification questionnaires.* London：British Standards Institution.

BSI（2015）*PAS 1192-5：2015 Specification for security-minded building information modelling, digital built environments and smart asset management.* London：British Standards Institution.

CIC（2013）*Building Information Model（BIM）Protocol：Standard Protocol for use in projects using Building Information Models.* London：Construction Industry Council.

Landscape Institute（2013）*Implications of Building Information Modelling（BIM）on Professional Indemnity（PI）Insurance（Technical Advice Note 01/13）.* London：Landscape Institute.

第二部分

实施

引言

BIM 代表了建筑行业翻天覆地的变化，例如"BIM 水平 2"：

- 合作共享设计信息；
- 吸引项目每一个参与方；
- 对所有项目信息制定唯一、真实的表述；
- 授予项目团队新的职责与责任；
- 严格、透明的信息与程序管理。

第一部分介绍了 BIM 的准备工作；第二部分为实施"BIM 水平 2"项目，从招标到交付及后期工作。通过了解业主的需求及未来合作者和项目团队成员的需求，BIM 效益在合同阶段前就清晰可见。在授予合同之后，项目团队发展的信息管理与合作流程以及 BIM 工作流程开始发挥作用。在经过设计与开发阶段之后，第二部分就可以以交付和资产投入使用的方式结束。因为 BIM 项目从开始就将最终用户考虑在内，所以风景园林管理人员和用户的参与是风景园林 BIM 的显著效益之一，即确保有效管理与维护，使风景园林设计满足最初的愿景。

沿着这一思路，第二部分更深入研究了"BIM 水平 2"项目运行的具体问题，例如：

- 在招标阶段通过 BIM 执行计划（BEP）对业主要求做出回应；
- 参与 BIM 项目包含的新职位与职责的工作；
- 使用主要的项目工具；
- 建立信息管理系统；
- 吸引风景园林与设施管理人员及其最终用户。

虽然"BIM 水平 2"大部分流程已实行标准化，但个别 BIM 项目的某些方面仍具有特殊性。如何在项目中实施 BIM，业主和项目团队的 BIM 成熟度等因素将发挥重要作用。虽然没有明确规定，但是"BIM 水平 2"项目也应制定多项决策，非 BIM 项目也是如此。这些问题大部分涉及协同工作和信息交换。这些流程共同促进形成一个几乎没有缺陷的、协同的、明确的、可实施的项目设计，这就是频繁被提及的 BIM 效益。

第 8 章

业主信息要求

引言

业主发布的业主信息是项目简介和招标文件的一部分。它说明了项目的信息要求，并邀请投标人通过 BIM 执行计划（BEP）做出回应及证明他们完成工程的能力。在首次发布之后，业主信息需要持续修改并扩充，最终形成合同的一部分，届时项目团队必须在整个项目周期均满足其要求。

本章首先介绍业主信息要求的目的，然后介绍具体的技术要求、管理要求和商业要求。由于本章的目的是邀请从业人员提供一份业主信息要求答复并证明他们成为业主代表的资格，故而本章重点说明业主信息要求各部分所暗含的观点看法，以便业主和投标人能够更好地使用此文件。

业主信息要求的目的

业主使用业主信息要求告知招标顾问，其所在组织如何使用这些信息进行工作及其对信息交付和信息管理的要求。初始的业主信息要求是讨论项目计划的一个起点，允许投标团队在简介中加入他们自己的专业判断和信息。投标人在提交最终答复之前可能会

咨询相关业主信息要求，所以业主做出的所有变更必须通知所有相关的项目团队。因此，业主信息要求可以进行修订，新发布版本详细规定各项要求并制定项目简介。

业主信息要求最终将写入项目合同，作为 BIM 协议（CIC，2013）附录之一。一旦业主信息要求规定了项目团队合同必须包括的所有信息要求，它就是最终要求。业主应注意到：为了使业主信息要求成为合同要求，BIM 协议必须是合同文件的一部分，并且业主信息要求是信息要求附录的一部分。

业主信息要求的制定要求

业主信息要求应制定业主希望 BIM 执行计划回答的问题。业主要求应该是智能的（SMART）：具体、可衡量、可实现、实际且具有时限性，并且应遵循精益实践的本质，以简明的语言说明需要完成的工作，避免职责重复。信息管理的严格参数应该只能出现在有特殊需要的地方，如果业主要求提供他们不熟悉的信息，他们应依靠投标人提出如何管理这些信息。如果业主没有优先选择权，有些章节可能保留空白，或寄希望于指定项目团队做出答复。业主信息要求不应阻止创

新，也不应该阻止投标人提供有价值的创新。

项目团队应确认业主信息要求可以满足项目的要求。重要的是，业主信息要求与规划项目及用户和业主的要求明确相关，没有任何要求可以否定低浪费、高创新的 BIM 精神。作为一个技术文件，业主信息要求通常应采用设计、施工主管或预期项目团队相关人员提供的信息来制定。起草业主信息要求时，应适当考虑综合设计团队，避免集中在项目的某一专业领域或方向。

业主信息要求应包括各种尚未解决的决策及其潜在影响。例如，业主可能会考虑逐步引入新软件对资产管理的影响。业主信息要求应说明这一点，因为项目团队需要保证他们建立的用于维护和管理交付后资产的资产信息模型（AIM）能够与新系统相兼容。对"已知的未知事件"的规划使项目团队能够在BIM 实施计划中做出答复，减少时间或成本超标的风险。BIM 执行计划和业主信息要求之间形成对话，确定了可实现项目信息管理和协同工作的方法。

虽然角色分工一开始不是很明确，但是项目团队尽早任命信息经理和项目交付经理负责项目交付工作。这些职责和投标团队之间的联系，有助于确定如何发展项目的信息管理和协同工作。

对于任何项目简介，业主制定有效业主信息要求的能力取决于自身的经验、知识和建议质量。频繁采购的客户，例如大学、政府机构、超市或其他资产丰富的机构，有能力制定更详细的业主信息要求文件，因为这些机构从以前的建设项目中积累了大量的信息和经验。相比较而言，首次购买建成资产的客户制定的业主信息要求和项目简介或许不如前者详尽。BIM 工作组提供了指导以及业主信息要求模型的样本内容（www.bimtaskgroup.org/bim-eirs），业主可以参照使用。BIM 工作组在"技术、管理和商业"的标题下列出了业主信息要求的标准内容，详见本章之后的部分（图 8.1）。

技术

技术信息一节详述了投标人开展工作所需的业主信息技术和数据基础设施。

软件平台

本节确定了业主的软件平台。每个建成

技术	管理	商业
● 软件平台 ● 数据交换格式 ● 坐标 ● 细节层级 ● 培训	● 标准 ● 职位与职责 ● 工作规划与数据分离 ● 安全 ● 协作与冲突检测流程 ● 合作流程 ● 模型审查会议 ● 健康与安全，及施工设计管理 ● 系统性能 ● 合规性计划 ● 资产信息交付策略	● 信息交付阶段与项目交付件 ● 客户的战略目的 ● 详细说明的 BIM/ 项目交付件 ● BIM 具体能力评价 ● 文件类型

图 8.1 业主信息要求的内容

环境项目都涉及各种软件，从财务、项目管理、设施管理和时间记录软件包到地理信息系统、建模系统和规范系统。如果资产信息模型需要与现有系统或规划系统相结合，那么业主可以规定具体软件，但是顾问不能选择他们自己的软件。业主信息要求应说明业主内部系统的要求，例如电子文档管理系统（EDMSs），该系统可能拥有自己的命名规则。

数据交换格式

业主应明确规定数据交换格式，方便与项目团队进行信息交换，并针对交付后的管理和维护工作建立有效的资产信息机制。集中采购项目需要 COBie 格式的信息和标准化信息交换协议以及其他文件格式，例如工业基础类（IFC）等具体的数据交换格式。

坐标

业主信息要求详细定义了空间坐标设置。坐标系应延伸至场地边界，并将公共地理坐标系（GCS）包括在内，采用适当的场地原点代表项目的位置和环境，并用现有地理坐标系的格式表示。这个原点必须精确定位，因为它是整个资产生命周期项目协调的基础。空间协调区域可能会出现互操作性问题，尤其是在建筑外立面与景观之间的区域。应在适应项目需求的情况下，结合场地原点的精确位置规定相关单位。不同专业之间及每个专业内部需要统一比例，并在 BIM 执行计划中规定其单位。详见 BS 1192：2007《项目空间状态》（BSI，2007：26）。

细节层级：整体与部分

这是一个复杂的领域，拥有充足经验或专业知识的业主团队才能够完善本节内容，否则应征求项目团队或第三方的意见。在签订 BIM 执行计划合同之后，项目团队与业主之间的协议应规定细节层级或 LoD，然后写入 BIM 协议附录，形成一项合同要求。

业主信息要求将规定项目的整体或部分细节层级。整体细节层级是指一个模型的开发层级。这意味着在一个指定项目阶段交付的模型应适用于该阶段。例如在概念设计阶段需要整体细节层级，这样各个模型便可依赖相应的概念内容。部分细节层级是指具体部分所需图形说明和信息的细节层级。例如，如果一个地方政府要求在项目要求内使用自己定制的规范，部分细节层级将高于整体模型。BIM 工具箱可用来规定整体与部分项目在每个阶段所需的细节层级。

业主信息要求需要考虑的一个重要因素是采用何种格式提交细节层级，目前有很多细节层级标准，详见第 19 章。业主信息要求的"细节层级"一节中提供了模型建立与交付表（MPDT）的资料，说明了将要创建的模型以及每个信息交付阶段或信息交换的细节层级（图 8.2）。

培训

本节规定了需要满足业主要求和保证项目输出结果合乎标准的各种培训。"BIM 水平 2"的一个主要特点是与经过调整的项目成果和时间表协同工作，以及对这些可能需要的基本要求进行培训。相关工作人员需要接受

	信息交付阶段 1 阶段 1		信息交付阶段 2a 阶段 2		信息交付阶段 2b 阶段 2		信息交付阶段 3 阶段 3		信息交付阶段 4 阶段 6	
	模型创建者	细节层级	模型创建者	细节层级	模型创建者	细节层级	模型创建者	细节层级	模型创建者	细节层级
总体形式与内容										
空间规划	风景园林师	1	风景园林师	2	风景园林施工方	2	风景园林施工方	3	风景园林施工方	6
场地与环境	风景园林师	1	风景园林师	2	风景园林施工方	2	风景园林施工方	3	风景园林施工方	6
可持续排水系统	土木工程师	1	土木工程师	2	风景园林施工方	2	风景园林施工方	3	风景园林施工方	6
分期施工	风景园林师	1	风景园林师	2	风景园林施工方	2	风景园林施工方	3	风景园林施工方	6
健康与安全设计	风景园林师	1	风景园林师	2	风景园林施工方	2	风景园林施工方	3	风景园林施工方	6

图 8.2 采用 PAS 1192-2：2013 制定的模型创建与交付表范本。本表列出了所需细节层级的默认值，该数值与业主信息要求之间有直接关系。信息交付阶段是指在项目里程碑通知业主决策点的信息交付

培训，以便将施工阶段的信息和模型有效传递至业主、资产与设施管理团队。业主应在招标时明确说明仅在项目有具体要求的情况下规定培训。

管理

本节是业主信息要求的最重要部分，阐明了项目将要采用的管理流程。

标准

业主信息要求应包括项目将要使用标准文件的详细资料，"BIM 水平 2" 使用的标准文件包括：

- PAS 1192-2：2013（BSI, 2013）
- PAS：1192-3：2014（BSI, 2014a）
- BS 1192-4：2014（BSI, 2014b）
- GSL（政府软交付，2013）
- Uniclass 和美国国家标准局的 BIM 工具箱（NBS, 2015a 与 2015b）

另外，还有其他规定了业主的管理系统或数据保护、可能包括其他信息管理或合作的公认标准。

职位与职责

本节将讲述 PAS 1192-2：2013 定义的具体职责，包括在项目范围以及每个团队内的信息与对接管理需求，也可能包括依赖于项目的更多职位范围。BIM 职位详见第 6 章，其职责详见第 12 章。

工作规划与数据分离

本节分析如何管理建模流程。通常，业主和首席设计师为工作规划与数据分离的流程做初步规定，但详细要求需要协商确定，以便保证创建信息的精确性。为了赋予行动的合同义务地位，工作规划应包含在业主信息要求之内。

数据分离详述了如何交付信息及保持工作特定部分之间的区别。项目团队可以通过承诺遵守公共数据环境使用标准，确认自己符合这一要求。如果专业分包商的信息被输入到直属业主的提交信息，应详细说明在哪些点进行交付。

此外，本节还详细说明了项目的命名规则。模型管理包括模型的存储方式和存储位置。对于敏感信息，业主应特别设定访问权限和访问时限。随着项目简介和业主信息要求的发展，业主信息要求在这方面需要进一步扩大。在业主信息要求成为合同文件时，模型创建与交付表中应详细说明模型责任。

安全

本节业主信息要求的内容参照 PAS 1192–5（BSI，2015），同时各项要求取决于项目的敏感性。业主的信息技术经理需要详细说明符合其安全标准的要求，并在本节列出。如果涉及一般安全级别，联机环境安全工作的一般规程即可满足要求，例如使用复杂密码防止非法访问计算机及文件。但是，对于更敏感的项目信息而言，将需要更高的安全级别。对于报告、管理和解决安全事件，英国政府项目需要具有适当的其他流程和政策，并通过工作人员培训保证对安全问题有适当的了解。

协作与冲突检测流程

设计阶段的冲突检测采用空间协调，以便确定可能出现中断、危险或高成本错误的地方。在开始施工之前，这些冲突就需要在虚拟模型中被解决，以避免浪费、增加成本和延期等。投标人应说明协调与检查任务小组创建模型的流程，以及是否采用具体文件格式或软件包避免产生冲突。

合作流程

对于为实现共同目标而进行团队合作的

文化要求，本节要求投标人证明自己在这方面的理解和能力。团队建设训练和研习会的做法可作为项目小组会议定期召开，以培养合作精神，也可以采用其他更正式的方法，例如合伙制和不同承包制。

模型审查会议

本节描述模型开发的共同协商流程。按照指定项目团队提供的信息，业主将其初始意向扩大到一个可实行且具有成本效益的模型审查流程。作为合同的一部分，业主信息需要详细说明时间安排、流程和参与者或其他更多的一般要求，如法定机构可能要求举办研讨会和公众咨询，因此需要根据明确需求的目的规定会议的周期、空间协调、冲突检测、成本管理及其他项目要求。

健康与安全，及施工设计管理（CDM）

本节的业主信息要求描述了业主和项目团队的合规性要求。业主信息要求应描述与支持项目健康与安全及施工设计管理要求相关的所有信息管理政策。按照英国安全与健康执行局的规定，英国立法的主要责任是在早期阶段改善项目的计划与管理、鉴别风险，做好在健康与安全方面的针对性工作以及减少不必要的官僚作风。

2015 年的施工（设计与管理）规范要求总设计师或首席设计师负责管理项目健康与安全的大部分问题。因此，为了更好地履行其义务，责任人需要协调配合一个信息要求和信息管理策略。项目团队其他成员也需要信息才能够履行其义务，因此信息交换机制应该成为 BIM 计划流程中的一部分。

一般而言，为了满足健康与安全管理要求，"BIM 水平 2"流程做了大量工作。例如，现场风险管理负责人可以在项目生命周期的早期收到更高质量的信息，通过可获得的三维信息和规范信息提高现场活动管理。使用三维模型演练、模型内部易于鉴别的各种危险材料和物体，可以让经过培训的工作人员了解现场潜在风险，以便确定适当的处理和管理流程。

系统性能

"BIM 水平 2"项目通常通过已创建的资产信息模型，帮助业主管理交付之后的设施。因此，本节的业主信息要求描述了业主系统的优势与不足，例如利用项目信息输出开展工作或软件限制因素可能产生互操作性的问题。在机构能力、安全策略、可用软件、处理不同复杂程度和不同规模文件的能力以及维护计划等方面，业主的信息技术经理咨询或许能提供帮助。

合规性计划

合规性计划提出如何协调和维护各种模型及其他数据的问题。这意味着可由投标团队或业主的首选方案提供系统存储模型。合规性要求将引用业主信息要求的"标准"一节，并在 BIM 执行计划合同前阶段进行协商。

业主信息要求可能需要投标人提供其模型精确度、产品选择及模型信息的输入等方面的保证。本节将详细说明业主采用的各种具体的质量保证（QA）机制，特别是这些质量保证机制从何处植入相关流程和软件系统。

如果未作规定，也可使用全行业通用的质量保证标准，例如 ISO 9001。从 2016 年起，英国政府建设项目的合规性计划要求投标人明确说明如何按照政府软交付（GSL）的要求保证其职责满足最终用户需求。

资产信息交付策略

本节的业主信息要求需要投标人简单描述他们采用何种方法使业主的系统更新整个项目主要阶段和信息交付阶段的相关信息。如果业主的软件能够存储资产信息，那么，业主信息要求必须将资产信息模型的交换格式与要求包括在内。尽管有的业主经验丰富，但资产信息与交换格式应在投标、合同提名与最终确定过程中与项目团队共同决定。

按照 PAS 1192-2 的规定，信息模型是由几何形状、信息和不变文件组成的整体，而且使用相同的资产信息模型。由于大部分建设项目涉及多个行业，信息模型通常也由多个系统组成，在业主输入自己的系统之前，一个软件系统基本上不可能囊括所有信息。因此，整个项目团队对其需要输入的信息应制定相应的交付策略。投标团队及经验丰富的技术和信息经理了解与最常见合作者进行信息交换的需求，这就需要同时或并行委任项目团队，或至少进行专业咨询，以确保计划要求与实际需求成正比，并且可以实现。

商业

本节的业主信息要求包括 BIM 模型交付资料、信息交付阶段时间安排和信息用途定义的详细资料。

信息交付阶段

信息交付阶段或信息交换是将信息交付文件正式移交给业主。本节的业主信息要求描述了每个阶段信息交付的时间和目的，并与前面规定的项目工作阶段保持一致。对资产采购而言，业主项目管理流程可能拥有他们自己的项目阶段，这需要在 BIM 执行计划中注明。信息交付应确保业主能够回答他们对每个项目阶段设定的告知重要决策的简明语言问题，例如是否进入下一个阶段。此外，BIM 工作组的网站为业主提供了简明语言问题的范本列表。

客户的战略目的

本节规定了交付至业主的信息的最终用途，可以沿用 PAS 1192–2 的示范性报表，如图 8.3 所示。

P01 登记	P06 评价与重复使用
P02 使用与应用	P07 影响
P03 经营方式	P08 业务案例
P04 保养与维修	P09 安全与监督
P05 替换	P10 规范与合规性

图 8.3 客户的战略目的示范报表

图 8.3 说明了业主所需的模型用途与其最初的开发计划保持一致。不论是通过业主信息要求或者协商确定，模型的所有权均需要得到确定，以确保信息所有权或知识产权得到保护，当前的最佳做法是模型的所有权仍属于模型的创建者和组织者。通常，对于创建者已签订的合同，客户可以将模型内容用于合同规定的用途。创建者向客户授权使用相关内容，采用的授权方式确保客户拥有相关内容的永久使用权，而且不需要为已提供

的内容支付任何额外费用。换句话说，客户使用相关内容的授权不可撤销，且不需要支付版税。此外，客户可以自己授权他人使用相关内容，因此供应链下端的其他人员或后来参与设计过程的人员也可使用这些内容。

这一版权使用方法目的是保护客户及其设计，因此客户可以通过付款得到所需内容，项目团队可以根据他们的设计成果获得报酬，而这些设计只会用于他们预期的目的。

BIM 具体能力评价

本节的业主信息要求提示投标人：作为提交信息的一部分，他们应证明哪些 BIM 能力（图 8.4）。

A. 评价执业团队能力与成熟度的 BIM 能力与经验，并展示他们对执行 BIM 拥有怎样的专业知识或愿景。

B. BIM 执行计划证明用于衡量投标人与其他项目团队成员进行合作的能力与意愿。通过展示规划软件和处理合作工作流程的经验，执业团队可以表明他们具有实干和合作精神，这是 BIM 项目取得成功的基础。

C. 确认 BIM 工具箱是对投标人如何实施 BIM 支柱的证明。一个项目中并非需要用到所有的 BIM 支柱，因此确定哪些标准用于 BIM 实施可以证明投标人适应 BIM 不同项目要求的能力。

D. BIM 工作量和资源的详细资料，保证投标人能够对规定工作使用适当的资源。此项声明使业主能够评价投标人履行其职责的能力。

E. 主供应链评价投标人将如何与"BIM 水平 2"的上下级供应链合作。可以有效共

参考资料	项目	答复
A	BIM 能力与经验	投标人应提交下列详细资料： • 机构与个人的 BIM 经验 • BIM 能力 • 外包职位
B	BIM 执行计划证明	投标人应提交下列详细资料： • BIM 执行计划 • 学到的经验教训
C	确认 BIM 工具箱	投标人应提交下列与核心项目阶段一致的程序详细资料： • BS 1192（2007） • PAS 1192–2（2013） • COBie UK 2012 • 其他定制流程
D	BIM 工作量和资源的详细资料	投标人应提交下列详细资料： • 包含级别、数量、用途的资源矩阵 • 外包详细资料或服务等
E	主供应链	投标人应包括下列详细资料： • 主供应链合作伙伴 • 预期结果 • 评价程序

图 8.4 BIM 能力评价

享信息的供应链是信息有效交换以及在资产信息模型（AIM）中建立项目信息模型（PIM）的必要条件。

文件类型

本节的业主信息要求详述了业主系统工作所需的文件类型。为了符合内部标准，业主可能对信息结构提出更多要求，例如数据库的命名对象，或体现项目阶段的电子表格形式。除非已有明确的商业原因，否则这并非是对整个项目所需输出结构的规定，例如，设计团队是否必须使用与业主内部设计师相同的软件，是否必须通过工业基础类（IFC）进行文件交换。

参考资料

BSI（2007）*BS 1192：2007 Collaborative production of architectural，engineering and con-struction information. Code of practice.* London：British Standards Institution.

BSI（2013）*PAS 1192–2：2013 Specification for information management for the capital/delivery phase of assets using Building Information Modelling.* London：British Standards Institution.

BSI（2014a）*PAS 1192–3：2014 Specification for information management for the operational phase of assets using Building Information Modelling.* London：British Standards Institution.

BSI（2014b）*BS 1192–4：2014 Collaborative production of information Part 4：Fulfilling employer's information exchange requirements using COBie. Code of practice.* London：British Standards Institution.

BSI（2015）*PAS 1192–5：2015 Specification for security-minded building information* modelling, digital built environments and smart asset *management*. London: British Standards Institution.

CIC (2013) *Building Information Model (BIM) Protocol: Standard Protocol for use in projects using Building Information Models*. London: Construction Industry Council.

Construction (Design and Management) Regulations 2015 (SI 2015/51).

Government Soft Landings (2013) *Government Soft Landings micro-site*. London: Department for Business, Innovation and Skills. www. bimtaskgroup.org/gsl.

NBS (2015a) *BIM Toolkit*. Newcastle upon Tyne: RIBA Enterprises. https://toolkit. thenbs. com.

NBS (2015b) *Uniclass 2015*. Newcastle upon Tyne: RIBA Enterprises. https://toolkit. thenbs.com/articles/classification.

第 9 章

合同前阶段

引言

本章说明团队如何根据业主信息要求制定合同前阶段 BIM 执行计划，并做好投标准备。本章着眼于 BIM 执行计划的目的，以及在管理信息、促进协同工作和选择合适的工作团队方面的具体要求。然后接着说明制定执业团队自己的一般 BIM 执行计划。

随着投标人获得对未来合作者与项目团队成员的了解，在这个初期阶段一开始就可以看到 BIM 的效益。在满足 PAS 91（BSI，2013）、建筑资格预审调查表标准，或资格预审调查表的要求之前，还需要进行大量的准备工作。应在开始工作之前就大部分的程序和工作流程达成合议，准备好开工前文件，确保顾问了解业主及其他顾问的信息与技术要求。这可以提供测试和协商机会，以及学习经验并加以改善的机会。因此，为了确保正确评价 BIM 工作流程的可行性，风景园林从业人员（特别是风景园林执业团队的技术专家）尽早参与 BIM 计划阶段尤为重要。

BIM 执行计划的目的

BIM 执行计划分为两个截然不同的阶段。

在第一个重复的合同前阶段，建议项目团队答复业主信息要求。在接受委任之后，中标团队把合同前阶段更新至 BIM 执行计划合同后阶段，形成一个综合管理文件，说明如何在项目中实施 BIM，然后形成合同要求。第二个阶段见第 10 章所述。

BIM 执行计划陈述了团队的信息管理方法将如何满足必要标准和项目环境功能，并且应对业主信息要求的每项要求做出答复。BIM 执行计划也是一种监控工具，详细规定了计划工作流程的大部分目的、过程和结果。虽然为了形成具有合同约束力的答复业主信息要求的基础，计划内容可能被严密控制，但还是能够促进有效的项目情报管理和信息交换。BIM 执行计划通过信息帮助项目团队确定工作方法、响应其他人的信息需求，以及获得适当的信息类型和信息量（图 9.1）。这有助于建立一个项目环境，减少决策过程的猜测工作。

合同前阶段 BIM 执行计划

合同前阶段 BIM 执行计划是对业主信息要求做出的初始答复，不是最后版本，而且其中的要求少于合同后阶段的版本。它包括：

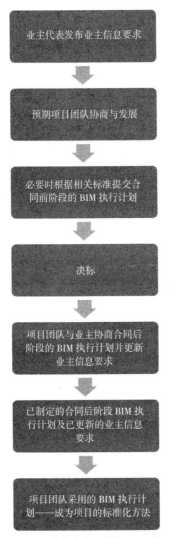

图 9.1 业主的项目前阶段决策流程

- 项目实施计划（PIP），也被称为供应链能力总结；
- 合作与信息建模的项目目标；
- 项目里程碑；
- 项目信息模型（PIM）交付策略。

业主将根据能力、生产力和方法这些主要标准鉴定 BIM 执行计划。关于能力和生产力的答复可由独立的执业团队单独起草，然后再汇总，但该方法应作为一项团队战略。

项目实施计划（PIP）

项目实施计划证明了投标人的 BIM 能力和 BIM 综合方法。由于不同执业团队采用不同的方法管理 BIM 项目，项目实施计划有助于业主根据提交的信息选择一个适当的团队。项目实施计划在合同前阶段提供一个标准化的能力概述，然后发展到在合同后阶段 BIM 执行计划的项目期间提供具体资源的详细资料。项目实施计划应包括人力资源、信息技术支持、BIM 经验的证明材料以及对 BIM 的理解。可以从建设项目信息委员会网站（www.cpic.org.uk/cpix）获得该用途的标准化表格，或可以使用定制的评价表。

供应链能力总结

当团队共同做出项目简介的答复时，项目团队的每个成员提交自己的评价表，然后由信息经理或项目投标团队的其他适当专家进行总结。大型项目团队的每个任务小组必须提交一份项目实施计划，此时仅包含供应链能力汇总表。团队应说明他们能够为项目提供适当水平的工作人员。例如，应注明核心团队并说明如何管理，比如，对缺勤情况的管理。由此可以标准化地组成该项目的所有执业团队，但在大多数情况上将包括每个执业团队的具体政策和计划。

人力资源

应成立具备合适能力的项目投标团队，以满足项目要求为目标，并且制定一项计划填补各种能力缺口。当然，这不是一个新要求。但在 BIM 文化和态度方面，团队方法的重要性不亚于能力；资格预审流程需要证明执业团队内部具有积极准备 BIM 的精神。项目团队各成员具有的 BIM 知识不可能完全相同，但是可以对具有不同经验的团队执行适当、合理的培训计划，确保能够成功投标；现有的整体能力不是必要的基础。团队选择程序中可以使用一个资源评价表。如果已有一个内部 BIM 执行计划，该计划应提供项目的具体资料，证明适当团队成员在业主规定期限内完成项目所需工作的有效性。

团队层次

项目实施计划应说明执业团队内部拥有决策权的职务或个人。可使用一个职责、权力、协商与通知（RACI）表格（范本见图 9.2），或注明项目团队内部职责的一个流程图。

BIM 职责

必须在每个任务小组指定任务小组经理、对接经理和信息经理的职位，包括创建模型的 BIM 建模员。任务小组经理负责任务小组的各种行动、对接经理负责解决空间与技术对接、信息经理负责保证符合项目的信息标准。应强调一点，某个人可能负责担任多项职位。"BIM 水平 2"标准规定的 BIM 评价程序，目的是确保项目团队成员拥有 BIM 方面的资格和能力；使用业主发布的标准化表格能够对不同投标进行比较。

团队名册

应说明团队成员的当前能力，范本如图 9.3 所示。

工作	风景园林师	土木工程师	水利工程师	岩土工程师	首席设计师
可持续排水方案	A	C	R	C	I
停车场规划	A	R	I	I	C

注：
R– 职责：负责创建输出结果；
A– 权力：对保证完成工作和交付输出结果负有全面责任；
C– 协商：讨论会必须包括他们的专家意见；
I– 通知：必须随着发展而更新。

图 9.2 职责、权力、协商与通知表给出了更细致的责任分配

团队成员	项目职位	BIM 职位	能力
G. Loci	项目风景园林师	项目信息经理；任务小组信息经理	软件人员培训（内部培训或委托培训）经验
G. Fingers	风景园林技术员	BIM 建模员	创作软件（质量合格）

图 9.3 记录透明度显著提高的团队能力

团队成员	目标能力	当前能力	能力
A. Name	软件熟练程度 项目管理技能	项目信息经理；任务小组信息经理	软件人员培训（内部培训或委托培训）
G. Loci	可视化软件 创作软件	BIM 建模员	创作软件（已认证）

图 9.4 记录与更新团队的职业发展，证明持续提高的承诺

技能登记

技能登记可以有效监控团队成员目标的发展，如图 9.4 所示。

信息技术资源

项目实施计划是让投标人描述其硬件、软件及网络能力，向业主展示其信息技术基础设施能够满足项目需求。其中还包括：保证团队成员能够操作软件、系统拥有可以支持在远程服务器上进行大型文件工作的足够带宽，以及使用软件的最新版本、项目团队成员使用相同版本进行工作。更多详细资料可以输入业主或首席设计师提供的评价文件，作为能力评价程序的一部分。

合作与信息建模的目标

BIM 项目的重点是合作，需要项目团队在如何进行自我管理和工作方法管理方面实现文化转变。BIM 执行计划中合作部分的目标是满足这一要求，即团队不仅证明他们的协同工作和信息交换方法，并且对其 BIM 能力可以带来的效益给出明确的证据。可能包括：

- 支持可靠决策
- 提高设计意图的交流

- 精确表达设计性能
- 迅速及频繁进行成本分析的能力
- 通过使用 BS 1192 命名策略制定时间效率
- 提高资产未来用户和管理人员的参与

整个项目信息管理使用的所有具体系统将在本节命名。团队应证明其对项目信息技术安全及特殊安全要求的理解，包括规定公共数据环境的访问权限及查看、评论、上传或下载文件的权限。信息经理拥有访问权限的最终管理权。

项目里程碑

按照现有项目管理系统的规定，在可能情况下，本节内容应符合业主信息要求所描述的业主项目里程碑。除非另有规定，工作阶段、信息交换点、业主决策点和信息交付阶段都应该与项目里程碑有关，而且所有里程碑应形成项目与信息管理文件之间的对接。

项目信息模型（PIM）交付策略

投标团队创建的几何数据、描述这一数据的信息，以及与这些数据集有关的文件如何共同形成项目信息模型？ BIM 执行计划的项目信息模型交付策略一节详细规定了该团队如何创建这些内容，以及如何确保相关信

项目阶段：概念设计		
交付成果 / 工作	软件处理	互操作策略
地形—概念	地形软件指南 网络位置 X：\…	
移挖作填	移挖作填软件指南 网络位置 X：\…	
地形可视化	可视化软件输出 网络位置 X：\	地形渲染指南 网络位置 X：\
项目阶段：详细设计		
交付成果 / 工作	软件处理	互操作策略
地形—概念	地形软件指南 网络位置 X：\…	
移挖作填	移挖作填软件指南 网络位置 X：\…	
地形可视化	可视化软件输出 网络位置 X：\	地形渲染指南 网络位置 X：\
项目阶段：施工		
交付成果 / 工作	软件处理	互操作策略
地形—概念	地形软件指南 网络位置 X：\…	
移挖作填	移挖作填软件指南 网络位置 X：\…	
地形可视化	可视化软件输出 网络位置 X：\	地形渲染指南 网络位置 X：\

图 9.5　映射项目流程文件，创建一个明确的数字工作流程

息可以用于冲突检测、成本计算和划分阶段等用途。结合 BIM 工具箱与项目里程碑，详细规定了项目团队成员负责的阶段。示例表如图 9.5 所示。

互操作策略

在制定 BIM 执行计划期间，需要讨论软件包之间的共享信息。重要的是，投标团队在与其他从业人员合作安排时间之前，了解可以创建什么信息及如何创建。还需要讨论交付 COBie（施工运营建筑信息交换，标准化信息交换协议）。例如，对于政府集中采购项目，如果在整个项目生命周期和运营阶段对 COBie 有明确要求，则应使用 COBie。如果没有要求，或如果 COBie 没有获得所有相关信息，应同意对信息交换采用替代机制（第 11 章介绍了风景园林方面的 COBie 限制）。

本阶段不能详细规定信息交换能力的每个方面，这是一个不断发展的任务，取决于其他顾问的软件，及业主组织和项目团队使用的软件。但是，如果互操作策略包含限制条件，应该从一开始就强调互操作问题，避免尝试弥合在项目后期无法弥补的差距。

一般 BIM 执行计划

BIM 执行计划作为对业主信息要求的答复，并证明投标团队的技术能力、培训方法和工作人员发展。一般 BIM 执行计划文件至少包括：

- 基本的项目实施计划
- 执业团队的标准方法和程序
- 发展项目信息模型的菜单

例如，执业团队可以设计一个主要的一般 BIM 执行计划，可根据需要从中选取一部分并发布到公众领域，作为预期项目团队的信息或用于阐明流程。BIM 执行计划包含了重要的信息，仅作为项目文件使用不能发挥它的最大潜力；可以采用许多其他方式使用这一信息。在资格预审时可以提交一份一般 BIM 执行计划，或采用一般 BIM 执行计划的信息完成相关的资格预审调查表部分。执业团队还可以把一般 BIM 执行计划用于审查其 BIM 实施计划的进程。不同执业团队可能在选择公开程度方面有所不同，但是作为一个合作流程，BIM 促进信息共享能够让所有相关人员受益。尽管如此，创建一个一般 BIM 执行计划始终是所有执业团队的 BIM 进程的一个重要部分。

一般 BIM 执行计划的内容分成两种类型：合同前阶段 BIM 执行计划需要的信息，以及可以或不可以公开的信息。投标团队可决定在第一类加入的内容比向广泛读者公开的内容更加详细；或者，他们可能决定公开重要信息并与公众共享他们的流程。一般 BIM 执行计划无法具体给出准确的团队名册，因此它应给出整个团队成员相关资料，并写明相关能力、可任职位及需要改善的地方。最终形成的文件是一个通用的项目团队说明如何综合使用这些能力交付一个项目。

按照 PAS 91 进行资格预审

按照 PAS 91 资格预审调查表标准进行的资格预审程序，现已包括 BIM 问题。对于已通过 BIM 业务认证（证明 "BIM 水平 2" 的能力）的执业团队，可免除部分预审程序。否则，资格预审调查表将需要对下列具体的 BIM 问题做出答复：

- 能够以有效的合作方法使用公共数据环境；尤其是只有针对性的、具体的施工与项目公共数据环境。
- 实现 "BIM 水平 2" 的政策系统与程序，由执业团队的管理人员签核和定期审查。这一要求适用于类似的大型与小型项目。
- 能够按照 BIM 执行计划工作；制定有助于证明这一标准的 BIM 执行计划并定期审查。
- 规划和评价 BIM 培训，证明流程和技术改进承诺是所有 BIM 实施计划的不可或缺部分。

参考资料

BSI（2013）*PAS 91：2013 Construction prequalification questionnaires.* London：British Standards Institution.

第 10 章

合同后阶段 BIM 执行计划

引言

在合同前阶段 BIM 执行计划中答复业主信息要求的各项要求之后，指定项目团队需要制定合同后阶段 BIM 执行计划，确定如何实际操作 BIM 流程。合同后阶段 BIM 执行计划说明了他们的方法将如何符合"BIM 水平 2"的标准，并给出 BIM 交付议定流程的详细资料。在最后确定时，本章将作为一个有效的项目管理文件，并随着项目进程而发展（图 10.1）。

合同后阶段 BIM 执行计划的目的

合同后阶段 BIM 执行计划是一个具体的

项目文件，描述指定团队将如何规划和管理信息交付，并说明项目实施采用的标准。BIM 执行计划的各个部分可纳入已更新的业主信息要求（代替或补充初期要求），保持两个文件之间的联系。信息经理、首席设计师和项目经理负责 BIM 执行计划的总体内容，为了使其成为一个有效的合作方法，他们应尽可能向项目团队咨询和征求意见。在决标之后，业主信息要求构成 BIM 协议（CIC，2013）的附录 2，并成为一项合同义务。

项目交付经理（PDM）需要确保项目团队的 BIM 执行计划及时更新，并且适应在项目开始之前的团队安排变化。在项目启动会议上，任务小组需要确认他们拥有适当的人员配备并在需要时有可用人员。他们还需要

阶段	合作	公共数据环境	业主信息要求	BIM 执行计划
内部标准	学到的经验教训			
资格预审	能力声明		初期发展	
合同前阶段	初期合作流程规划		向预期团队发布	答复初期业主信息要求
合同后阶段	详细流程规划	选择与制定解决方案	根据需要更新 BIM 执行计划	
开始阶段	议定流程	初始化公共数据环境	必要时进行审查	必要时进行审查
施工阶段	通过在公共数据环境共享文件展开合作		固定不变	遵循的流程
竣工阶段	正式交付文件		必要时进行审查	必要时进行审查
交付项目	分步交付			

图 10.1 如何在"BIM 水平 2"项目发展合作流程的概述

确认如何交付信息及将要使用的交换格式。任务小组应向业主提交一份合同前阶段 BIM 执行计划的项目实施计划的更新方案，包括为项目内部分配工作提供可用性资源信息。

合同后阶段 BIM 执行计划的要求

总业主制定的初期业主信息要求由向业主直接负责的团队使用。如果有少量的分包或合同层次，合同后阶段 BIM 执行计划将对主要业主的业主信息要求做出答复。如果存在多级供货合同，每个业主制定一份业主信息要求，转包合同方必须通过 BIM 执行计划做出答复（图 10.2）。因此，每个合同后阶段 BIM 执行计划是对合同方的业主信息要求做出答复，而合同方反过来根据其业主的业主信息要求制定一份 BIM 执行计划，依此类推。这些要求是项目简介要求的补充。最远等级的业主信息要求可能最简单；例如，希望给工地提供树木的承包商向苗圃发布一份业主信息要求，要求苗圃按照规定格式提供产品信息，仅此而已。

作为项目的信息管理文件，BIM 执行计划详细说明了团队将如何提供业主信息要求所需的信息。这是在管理、规划与文件编制的主标题下，在 BIM 执行计划中详述，而标准方法与标准程序，以及信息技术在本章其余部分详述。例如，项目团队每个成员可能收到各自的业主信息要求——直接对应他们需要提供的信息，因此，比如，对造林专家的信息要求不会与生态学家相同。

管理

管理部分包括：

- 职位、职责与权力
- 里程碑
- 交付策略
- 测量策略
- 遗留数据用途

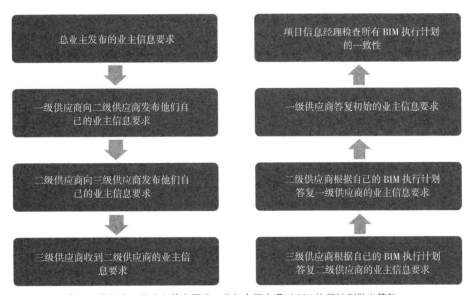

图 10.2 对各级人员制定一份业主信息要求，分包合同方通过 BIM 执行计划做出答复

- 信息核准
- 项目信息模型授权流程

职位、职责与权力

BIM 执行计划部分详述了项目团队和每个任务小组具体的信息管理职位。职责、权力、协商与通知表（RACI）可以用于详细说明项目所需的活动和通信。

里程碑

本节规定了规划的主要项目里程碑和项目信息模型交付策略。应从项目管理计划或总体信息交付计划（见"总体信息交付计划"一节）选定项目里程碑；每个项目的里程碑各不相同，具体情况由项目管理执业团队决定。

交付策略

按照 PAS 1192-2：2013（BSI，2013）的规定，项目交付经理对项目期间的信息交付管理、联合模型管理（综合一系列可供审查的模型）、项目产出结果制定一项策略。

测量策略

如果业主自己拥有具体的测量策略，应在业主信息要求中详细说明该策略，或可添加到合同后阶段 BIM 执行计划中。如有可能，该策略应从整个项目团队获得输入数据；BIM 执行计划应强调外部工程团队的前期输入数据，降低了进一步测量覆盖外部工程设计师和工程师专业领域的需要。英国地形测量局的一个数据集可用于创建大部分工地环境，但该信息并不总是适用于解决设计决策。

所有测量应可以使用三维数据，包括原始测量数据和经过测量员精炼的数据。这些文件将由不同专业使用，因此应规定所有顾问都可以使用的文件格式。项目团队应对公共数据环境内部的格式，以及将要形成项目团队测量策略基础的内容达成合议。

遗留数据用途

BIM 执行计划部分说明了业主或顾问在项目开始之前创建各种信息的用途。例如一个设施的现有数据，或业主希望重复利用的特定产品。针对如何详细描述各个物理对象，以及是否描述一个或全部对象的各个实例，必须对遗留数据进行准确性和一致性分析。可由具有相关专业知识的首席设计师、测量员或顾问完成分析。例如，如果缺少工地土壤测量的数据，可以进行描述和补充；但对项目成功具有重要作用的信息需要进行再次收集，尤其是当遗留信息存在污染，但工地综合描述没有存在实际污染的情况。

信息核准

本节描述了每个任务小组管理信息核准、与其他小组共享信息的流程，该流程应采用 PAS 1192-2：2013 的适当编号（见图 11.3）。

项目信息模型授权流程

项目团队在本节说明他们将如何处理信息交付阶段及完成项目阶段。应与业主和政府软交付倡导人共同说明。

规划与文件编制

本节包括：

- 修订的项目实施计划
- 合作与建模的议定流程
- 议定的责任矩阵
- 信息交付计划
- 总体信息交付计划（MIDP）
- 任务信息交付计划（TIDPs）

修订的项目实施计划

项目团队将提供一份经过修订的项目实施计划，包含人员配备计划和具体的项目能力。该计划应包括如何采用 BIM 工具箱创建信息的详细资料，说明需要完成的工作、细节层级及负责人员。

合作与建模的议定流程

信息经理需要采用一种方法，用于描述项目团队进行合作与建模的集体方法；在合同前阶段 BIM 执行计划的议定流程和 / 或已填表格，可在必要时进行复制和更新。还包括各种要求，例如包含具体对象类型、属性数据、规范信息或可用于交付业主战略意图的其他信息。

议定的责任矩阵

责任矩阵详细说明了谁在 BIM 中模拟什么及达到什么细节层级。这将包括信息交付计划给出的详细资料及其他"BIM 水平 2"职

责，例如项目交付经理、首席设计师和信息经理，以及每个任务小组的 BIM 职位，包括任务小组经理、信息经理、对接经理和 BIM 建模员。

信息交付计划

信息交付计划描述了如何创建和交换生成交付件所需的信息（图 10.3）。这是除了现有的项目交付件和工作计划之外，适应项目管理方法的要求。信息交付计划应详述项目将要交付信息与其他项目管理策略规定工作之间的关系。例如：

- 正在创建什么交付件？
- 创建这一交付件需要什么信息？谁负责创建？
- 谁正在使用这一交付件创建他们自己的交付件，以及他们需要什么？

总体信息交付计划（MIDP）

总体信息交付计划说明了各阶段的工作人员和将要创建的交付件。这些交付件都分配有整体模型的细节层级，因此创建的交付件必须适合细节层级的目的。总体信息交付计划及相关任务信息交付计划均属于项目交付经理的责任。总体信息交付计划还应说明交付文件的调整协议和流程，其中可能包括项目的具体标准和全行业标准。

建模员	交付件	交付件阶段	协议
风景园林师	风景园林规格	概念	项目标准 1 BS 1192-2: 2013
风景园林师	风景园林模型	概念	项目标准 1 BS 1192-2: 2013

图 10.3　信息交付计划规划实例；每个项目团队制定自己的信息交付计划，与其项目管理流程一起工作

任务信息交付计划（TIDPs）

每个任务小组制定一份任务信息交付计划。大部分任务小组应有一个分层次的信息交付计划，而不是各个小组重复相同的文件编制。例如，负责一处造型土方工程的美观与结构的任务小组可能包括一名结构工程师、一名土木工程师和一名风景园林师。他们的任务信息交付计划将主要参照结构、土木工程和风景园林信息交付计划，只增加了其他地方没有提到的一些流程。

标准方法与程序

"BIM 水平 2"项目的标准方法与程序包括许多应实行标准化或至少经过多个团队合作的操作规程。本节包括：

- 体量策略
- 原点与方向
- 命名策略
- 图层命名规则
- 施工容许误差
- 图纸模板
- 注解、尺寸、缩写词与符号
- 属性数据

体量策略

如果使用大型模型或为了避免冲突而把特定区域责任授予某个顾问，则应在此明确规定。

原点与方向

应实施一个空间协调流程，向所有团队成员提供一套议定的空间坐标和每个软件包的网格坐标。当从其他顾问处加载文件时，这一准备工作将产生效益。应制定项目空间协调的详细资料，并且应确认项目原点的精确性。

应进行试验，确保所有软件包可以安全使用测量数据。重要的是，在输出文件时不输出测量信息。可能影响信息共享的其他因素是比例尺、使用的单位、正北及项目北（在共享信息时，所有工作流基础文件的定向应为朝向正北）。目前有很多正在使用的地理坐标系（GCS）提供南北距与东西距或带有海拔高度的 X 坐标与 Y 坐标。地理坐标系必须与测量数据和测量点相一致。在整个项目团队的基本数据就位之后，未参照正北进行工作或采用不同坐标系的顾问将需要一些流程，确保他们上传至公共数据环境的数据已根据议定的坐标系和原点进行标准化。

命名策略

文件、相关文件及版本控制对象的命名应按照 BS 1192：2007（BSI，2007）和 PAS 1192-2：2013 执行。按照"BIM 水平 2"标准进行的文件命名和修订，参见 BIP 2207（BSI，2010：47-68）。顾问可能更喜欢展示"水平 2"标准的能力而采用其执业团队的内部命名策略，或为了符合标准而更改他们的命名策略。命名策略适用于项目使用文件的各个阶段，从文件名称和文件版本到图层、对象、编组、组件、图块和族的名称。文件上传到公共数据环境需要使用适当编号（见 PAS 1192-2：2013，表 3）注明它们可用于哪些目的（见图 11.3）。

图层命名规则

如果文件命名和图层命名规则不同于 BS 1192：2007，应在 BIM 执行计划内详细说明，或通过一份参考文件说明。为了适应采用通用模板进行工作的要求，项目团队成员需要修改他们内部的图层命名规则。建议顾问灵活修改新规则。

施工容许误差

风景园林（尤其是软景）内部容许误差相较于其他领域没有那么严格。但是在一些情况下，其他行业的顾问在相同领域工作时可能需要增大容许误差。不同专业应采用各自的误差要求开展工作，并确保这些要求已通知项目团队其余成员。

图纸模板

标准化图纸能够使整个项目实现更高的一致性，但是需要更高水平的标准化。BIM 执行计划可以给出模板的详细资料，可在公共数据环境访问这些资料。

注解、尺寸、缩写词与符号

信息经理必须给出测量单位，确保整个项目交付文件所需的一致性程度，以及不同顾问创建模型的互操作性。

属性数据

属性是详细说明项目资产、设施、区域、对象或空间的性质或特征，例如 BREEAM 等级或 BREEAM 规范。"BIM 水平 2"项目必须采用 COBie 数据作为一种信息交换形式。为

了填充这个信息交换文件，应采取一些措施确保可从模型文件或规范中提取 COBie 所需的信息，然后更新相关信息，反映最小人工输入带来的设计变化。各项计划应已就位，确保任务小组其他成员提供的属性数据适用于该目的，并且和其他设计目标相一致。

信息技术解决方案

本节包括：
- 软件版本
- 交换格式
- 流程管理系统与数据管理系统

软件版本

项目创建文件的格式必须记录在 BIM 执行计划中，避免不同软件版本之间出现兼容性问题。该信息应包括版本号和已应用的各种服务包、补丁或插件。

交换格式

本部分详细说明信息交换采用的议定文件格式和具体版本。信息经理和项目团队应进行一次评价，确保交换形式有助于不同顾问所需的信息共享，并且满足资产信息模型的需求。

流程管理系统与数据管理系统

本部分详细说明项目管理和模型信息管理采用的工具。软件工具可以包括管理细节层级和工程数字计划的 BIM 工具箱。应详细说明管理模型文件存储和分配的公共数据环境。这些工具是最低要求，但可以包括企业

资源规划器或其他项目管理工具。

参考资料

BSI（2007）*BS 1192：2007 Collaborative production of architectural，engineering and construction information. Code of practice.* London：British Standards Institution.

BSI（2010）*BIP 2207 Building information management. A standard framework and guide to BS 1192.* London：British Standards Institution.

BSI（2013）*PAS 1192-2：2013 Specification for information management for the capital/delivery phase of assets using Building Information Modelling.* London：British Standards Institution.

CIC（2013）*Building Information Model（BIM）Protocol：Standard Protocol for use in projects using Building Information Models.* London：Construction Industry Council.

第 11 章

信息管理

引言

信息管理是指对项目信息的管理，包括信息创建、信息所有权、可能的用途和发布等方面的标准。在一个建成环境项目中，信息包括模型、图形信息和非图形信息。本章介绍"BIM 水平 2"项目主要信息管理标准的应用。还着眼于公共数据环境（项目重要的数据存储）以及核准与共享文件的信息交付周期。文件与信息管理是"BIM 水平 2"的重点。开发项目的每个阶段各不相同，但"BIM 水平 2"项目在每个项目阶段都有促进良好信息管理的一套通用流程。

信息管理标准

在英国，由 BIM 命令组成的标准仍处于发展阶段，随着标准的发展，涌现出越来越多的支持基础设施和基于风景园林的应用软件（图 11.1）。在此提醒读者，重点是检查项目使用标准的当前版本并意识到由此带来的变化。

BS 1192：2007：建筑工程信息协同工作规程

本规程（BSI，2007）及其使用指南支持"BIM 水平 2"，而 BIP 2207（BSI，2010）规定了 BIM 的基础要求。该标准包含职位与职责、公共数据环境、空间协调以及标准方法与程序，包括文件命名、图层命名、适用编号以及版本与修订版。在写作本书时，BS 1192：2007 正在被重新审查。而需要注意的是，PAS 1192-2：2013 大部分内容已经被更新，尤其是修改了适用编号。该标准的空间协调定义不得被当作项目协调的指导手册。

PAS 1192-2：2013：利用 BIM 对资产的基本建设 / 交付阶段进行信息管理的规程

本规程（BSI，2013）提供了"BIM 水平 2"的项目管理指南。项目团队成员需要本规程的应用知识，本规程将是项目设计师的第一个参考点。本规程规定了"BIM 水平 2"流程时间安排，详细说明了如何操作项目——从项目开始到施工与交付。本规程还详细说明了设计与施工阶段相关人员的职位与职责，并包括根据业主信息要求制定合同前后阶段的 BIM 执行计划。在信息管理方面，本规程详细说明了整个项目（项目启动、每个项目阶段期间、项目完成）有效信息交换的要求。当前的适用编号，确定了公共数据环境文件的安全性（见图 11.3）。

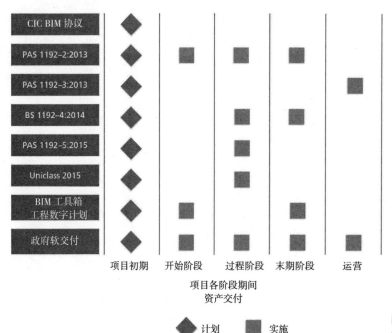

BS 1192–4: 2014: 使用 COBie 满足业主信息交换要求的信息协同工作规程

本规程（BSI, 2014a）规定了使用 COBie 作为信息交换工具，并详细说明如何向业主提供信息。首席设计师或承包商负责向业主提供关于资产空间布置和物理属性的文件化信息，因此本规程应用于与业主、资产经理和设施经理协商，使这些人员能够详细说明自己的要求。虽然建议更频繁的信息交换，但最低要求仅是在施工流程结束时交付一个 COBie。风景园林从业人员应知道 COBie 是工业基础类的子集，工业基础类当前尚未包含具体的风景园林对象。因此，应在 COBie 中引用描述现场植物或土建工程的相关文件，并作为单独文件提交；英国风景园林学会产品数据模板（PDTs）的数据段可以轻松归类为工业基础类数据集。

PAS 1192–3: 2014: BIM 项目资产运行阶段信息管理规程

本规程（BSI, 2014b）给出了保证资产经理在交付时收到明确、精确及完整的运行信息，以及相关信息在整个资产生命周期应如何保存的指导。在重新开发"BIM 水平 2"项目时，本规程将指导如何进行工作。

公共数据环境

"BIM 水平 2"项目的重点是公共数据环境，项目期间的主要数据存储和信息来源，包括项目交付资料各个部分的所有文件。在日常使用和满足特殊项目阶段的要求方面，公共数据环境提供了一个在项目团队内部共享信息的方法。公共数据环境已进行结构化，因此按照文件状态把文件保存在不同区域；每个项目团队成员将工作进度存储在专用区域，然后在准备完毕之后转移到共享区域，如图 11.2 所示。

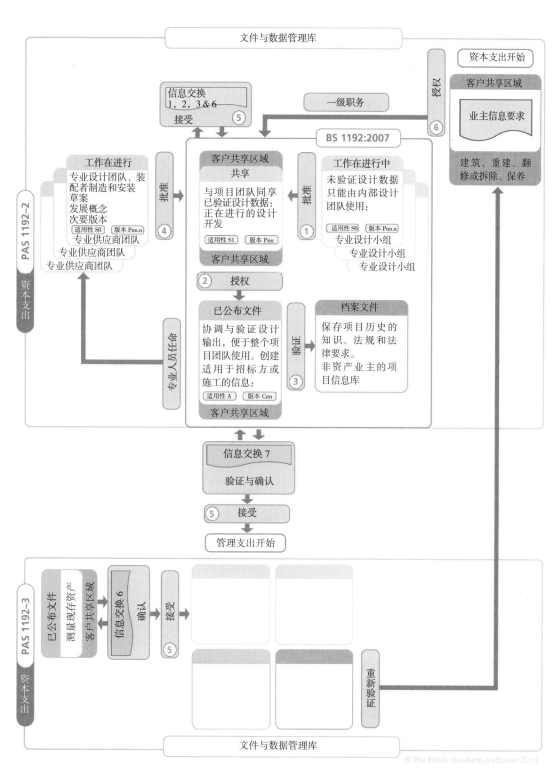

图 11.2 为了实现快速、轻松取得信息而进行公共数据环境结构化

除了这一核心功能之外，其他常见功能使得公共数据环境成为一个综合的项目方法，例如项目的三维建模能够增强他人看到的模型，而且项目团队内部的交流透明度也远远高于电子邮件等交流方式。

信息经理负责公共数据环境，这一职位在第 12 章有详细说明。作为其职责之一，信息经理维护信息共享所需的标准，保证项目使用软件创建符合业主信息要求的信息，确保按时上传文件及监督系统用户的权限和安全。为了满足业主信息要求及其规定标准的要求，信息经理选定公共数据环境内部项目文件的结构，包括文件命名系统和公共数据环境内部结构。只有经过任务小组经理和任务小组信息经理批准的内容才可以提交至公共数据环境。信息交付及信息从"工作中"移动到"已公布"需要经过信息经理、项目经理和 / 或首席设计师签字，视具体情况而定。文件命名协议和元数据可以鉴别知识产权、责任或所有权等方面的信息，而且还描述了文件的适当用途。

信息交付周期

项目团队成员通过信息交换，扩大每个项目阶段的交付信息。信息经理负责保证任务小组信息被正确地共享到公共数据环境，任务小组信息经理负责保证本组文件被正确上传到公共数据环境。这就是信息交付周期。公共数据环境的内容构成了这一阶段的项目信息模型（PIM）。

信息准备移动到共享区域之前，必须经过任务小组经理的批准，任务小组经理负责检查信息的适用目的和适当的技术内容。信息经理应检查项目的标准方法与程序是否适当，COBie 是否适当完成以及从模型提取的所有图纸是否已调整正确。然后可能共享这一信息，方便项目团队其他成员参考。

随着设计的发展，可能需要上传更多文件，确保信息符合要求，并且与公共数据环境其他专业的共享文件相互关联。此时可以通过适当的适用编号把文件移动到共享区域（图 11.3）。持续这一过程，直到项目文件在概念和细节层级方面都达到该阶段适当的定义级别，然后可以授权文件，即移动通过图 11.2 列出的第二步。

这是促进和通知业主决策点的重要信息交换或信息交付，也是一个项目阶段结束时的一个重要项目里程碑。业主代表负责移动这些文件到公布区域，并确保这些文件满足业主信息要求及业主简明语言问题的要求。在进入施工阶段时，需要试验已公布信息与工地开发之间的相互关系，以便文件可以移动到公共数据环境的存档部分。在完成和检验工地开发之后，该信息模型变成所谓的资产信息模型（AIM），因为它包含的信息此时已用于描述资产本身，因此它可以移动到一个新系统。

对于在共享环境中或已被纳入单独模型的信息，有时会出现有关版权和责任影响的问题。简单来说，数字化文件的版权的使用方式与书面文件相同。所有适用的公共数据环境明确指出哪些执业团队或任务小组已上传、下载和修改文件，所以设计责任非常明确。信息所有权仍属于信息创建者，除非创建者转让了版权利益。此项规定对项目提供了明确的审计跟踪，保护项目团队成员的知识产权，以及防止意外

状态	描述
工作在进行中（WIP）	
S0	初始状态或工作在进行中 上传至外部网络的文件标识符的主文件目录
分享	
S1	发布用于协调 文件可用于"共享"及由其他专业使用，作为他们的信息背景资料
S2	发布用于信息
S3	发布用于内部检查和评论
S4	发布用于施工核准
S5	发布用于制造
S6	发布用于项目信息模型授权（信息交换 1–3）
S7	发布用于资产信息模型授权（信息交换 6）
D1	发布用于计算成本
D2	发布用于招标方
D3	发布用于承包商设计
D4	发布用于制造 / 采购
AM	依据验货付款
已公布文件	
A	发布用于施工
B	部分已签署： 用于按照客户次要意见进行施工。所有次要意见应通过一个云插入和一个"暂时搁置"声明注明，直到解决该意见，然后重新提交进行全部授权
AB	竣工交付文件，PDF、本地模式、COBie，等等

图 11.3 PAS 1192-2: 2013 规定的当前适用编号

侵犯版权。

信息交付阶段

PAS 1192-2 沿用了 CIC 工作阶段。每个项目阶段有一个相应的项目团队信息交换，使用状态编号注明。状态编号是指项目信息在每个阶段结束时交付（图 11.4）。

决策

"BIM 水平 2"建设项目的设计管理需要大量的讨论和协商。对此必须作出很多决策，尤其是与协同工作和信息交换流程相关的决策，而且重要的是项目团队了解这些决策的状态。状态可以分成已标准化、已规定、已协商、灵活和未解决。

已标准化

BIM 的已标准化决策是指"BIM 水平 2"标准中规定的事项且理所当然地应用于整个项目团队的事项，包括命名标准和发布文件的适用编号等方面。如果使用了标准化流程，可以在项目文件里简单声明该项目在相关流

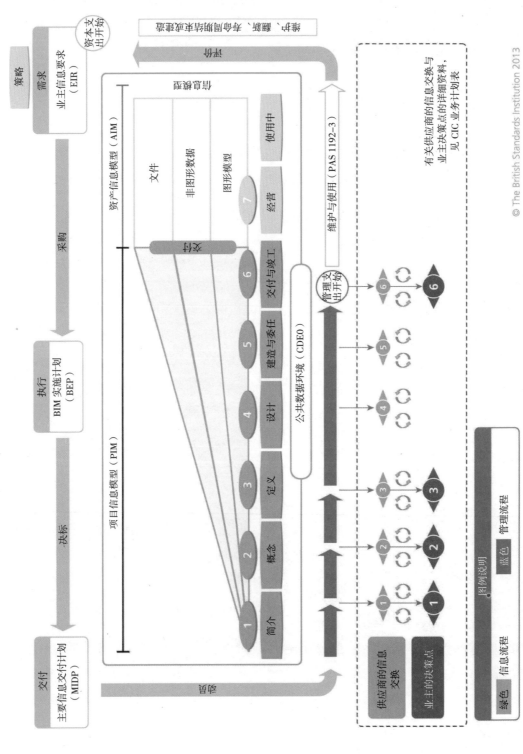

图 11.4 根据 PAS 1192-2: 2013 制定的信息交付表, 详细说明了在某些项目阶段结束时正式共享信息

© The British Standards Institution 2013

程方面符合标准要求。因此，在一个严格遵循 COBie 实施标准的流程中，项目文件只需要说明根据 BS 1192-4 指南创建 COBie。为了使用标准化方法，项目团队应合理确认该标准包括了其项目可能出现的各种使用案例。

已规定

已规定决策是指项目团队为了适应一些大型计划而必须遵守的决策，通常符合业主信息要求。例如，项目文件可能表示将采用业主信息要求规定的电子数据表格式安排和文件类型（业主已经使用）创建计划表信息，以确保在资产使用时，能够在业主的系统中有效使用这些信息。

已协商

已协商决策构成一个成功 BIM 项目所需决策的主体，而且通常涉及解决建设项目造成浪费的常见问题。在各方同意为做出最佳设计方案而进行某些流程的特定顺序或周期时，在协同工作方面采用已协商决策。当任务小组的专业实践出现范围重叠时，这类决策尤为重要。已协商决策是 BIM 中的创新。解决具有挑战性的情况或长期存在的问题是 BIM 项目重要的潜在利益，项目团队可以通过已协商决策了解这些机会。

灵活

灵活决策是指可以改变但不影响项目结果的决策。

未解决

在制定项目文件时，每个项目总有一些方面仍然未知。不应尝试预先判断结果或解决当时无法解决的问题，这些问题可标记为"未解决"，然后在适当的时候再次检查这些问题并采取下一步行动。

参考资料

BSI（2007）*BS 1192：2007 Collaborative production of architectural, engineering and construction information. Code of practice.* London：British Standards Institution.

BSI（2010）*BIP 2207 Building information management. A standard framework and guide to BS 1192.* London：British Standards Institution.

BSI（2013）*PAS 1192-2：2013 Specification for information management for the capital/delivery phase of assets using Building Information Modelling.* London：British Standards Institution.

BSI（2014a）*BS 1192-4：2014 Collaborative production of information Part 4：Fulfilling employers' information exchange requirements using COBie. Code of practice.* London：British Standards Institution.

BSI（2014b）*PAS 1192-3：2014 Specification for information management for the operational phase of assets using Building Information Modelling.* London：British Standards Institution.

第 12 章

职位责任

引言

BIM 标准规定了从事项目设计的从业人员的职位职责，并创建了两个新的重要职位——信息经理和对接经理（见第 6 章）。本章在此详细说明了这两个职位相应的职责及其对管理信息流和协调技术重叠的影响。本章还介绍了帮助在整个专业和组织范围内完成合作的任务小组、项目子团队的职责。

"BIM 水平 2" 标准对建成环境领域当前的一些职责规定了具体的名称（图 12.1）。项目团队和任务小组就是其中的两个主要团体。项目团队指的是负责交付项目的整个团队；

PAS 1192-2 名称	也称为
项目交付经理	项目经理
首席设计师	设计领导 首席顾问 总设计师
信息创建者 /BIM 建模员	风景园林师 设计师 建筑师 工程师 技术员
任务小组经理	项目首席顾问
对接经理（新职位）	BIM 经理 BIM 协调人
信息经理（新职位）	BIM 经理 BIM 协调人

图 12.1 "BIM 水平 2" 职位及其可能的别称

在职位名称中带有"项目"是指负责整个项目。任务小组是指负责具体工作的团队，可能是承担组织顾问或单个专业团队的传统责任，但也可能是负责多个专业的综合团队。

信息经理

信息经理保证有效进行信息交换，也是公共数据环境的守门人与监护人（图 12.2）。作为首席信息经理，这一职位最终负责项目的信息交付，即交付每个项目工作文件、项目输出资料或交付资料。该职位不负责判断信息或设计的正误，信息经理只负责保证提交正确、符合项目标准的文件，创建这些文件的团队成员负责文件的内容。

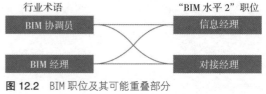

图 12.2 BIM 职位及其可能重叠部分

信息经理标准

PAS 1192-2 与 BIM 协议（CIC，2013a）要求任命一名项目信息经理。建造业议会（CIC，2013b）出版的信息管理业务范围纲要是对项目植入信息管理的初步指导，填补了 PAS 1192-2：2013 与 BS 1192：2007（简单说明了这一职位）之间的空白（BSI，2013，2007）。该职位的具体职位要求经过每个项目的业主和项目团队的同意，包括对被任命者的决定、其职责和业务范围。

谁担任信息经理的职位

已任命的专家，例如设计协调经理或者项目经理，可担任此职务。由于此职务不要求具有设计或工程能力，信息经理也可以由在管理技术、人力资源和安全界限方面有经验的信息技术从业人员担任。或者可以单独任命一名信息经理。独立信息经理的优势是公正地服务于项目的整体需求，因此最好任命一名独立的从业人员，而不是缺乏经验的项目团队成员担任此职务。由于独立信息经理可以单独任命，为了实现更高的成本效率，业主可以更紧密地管理信息经理的工作。

一些执业团队目前让担任其他职务的人员承担信息经理的大部分职责，或有时候让项目团队成员分担这些职责。在这种情况下，应说明是否满足不同标准规定的信息经理的职责，即在项目范围内和任务小组内部管理信息的责任。因此，即使一个项目未采用 BIM 标准的命名规则，仍然可被称为"BIM 水平 2"。总之，为了避免混淆或疑问，应以合同方式详细规定信息管理工作。

信息经理的业务范围

本节描述的信息经理职位以 PAS 1192-2 和 CIC 业务范围为基础，规定了三个核心责任：

- 管理公共数据环境
- 项目信息管理
- 协同工作、信息交换及项目团队管理

管理公共数据环境

信息经理的守门职责包括创建协议接收文件进入业主信息要求规定的信息模型（这里的信息模型是指创建用于项目的全部信息：文件、数据库、电子数据表及模型）。信息经理保存业主信息要求规定的数据完整性标准，以及管理访问和安全政策，确保只有授权用户可以登录，或在必要时添加或删除文件。

信息经理最终负责交付项目文件，以及与项目团队合作制定这方面的标准。作为公共数据环境的"守门人"，信息经理会要求修改不符合规定要求的提交文件，然后重新提交。信息经理还负责在公共数据环境的不同区域之间移动文件。如果一个文件按照项目标准进行命名和结构化，信息经理可以接受任务小组经理批准的改变；检查文件所含信息是否正确是属于首席设计师或项目交付经理的职责。

项目信息管理

信息经理负责制定信息交付文件的项目内部标准。他们可以自行选择多种信息管理工具。"BIM 水平 2"的核心工具是任务小组制定的任务信息交付计划（已在第 10 章中讨论），共同构成了总体信息交付计划。这些文件规定了每个任务小组的协议和信息交付文件，从而定义了任务小组的职责。根据适当的标准，信息经理还可以制定项目信息计划（PIP）和资产信息计划（AIPs）。在写作本书时，项目信息计划和资产信息计划的目的与任务信息交付计划（TIDPs）和总体信息交付计划（MIDP）类似，但是没有在 CIC 业务范围文件以外引用。

信息结构

根据指定项目团队的 BIM 执行计划，信息经理应补充一个信息结构。顾问必须遵守 BIM 执行计划，即使统一标准可能随着项目发展而出现改变。之后，信息经理应保证任务小组的上传截止时间与项目里程碑保持一致。

定义层级

信息经理有责任保证在项目的每个阶段适当补充议定的定义层级，BIM 工具箱可用于这一目标（指导方法参见 toolkit.thenbs. com）。指定顾问应按照项目简介和项目里程碑规定相应阶段的正确定义层级，创建适当的模型，证明自己符合项目的信息要求。

输出信息的格式

项目信息管理包括设计协调与创建的标准化。信息经理在输出信息格式方面的职责，首先要考虑项目团队、业主、施工团队以及在竣工后负责资产维持与管理的人员所需的设计输出信息。项目团队使用的文件格式的选择通常需要着重关注，要考虑软件在整个建成环境领域的互操作问题。风景园林顾问可能需要考虑设计协调的备选方法，因为工业基础类标准在建筑范畴之外尚未完全适用；英国风景园林学会的产品数据模板特性

集可以构成风景园林工程的标准，并且可应用于工业基础类标准（产品数据模板的详细资料见第 15 章）。

协同工作、信息交换及项目团队管理

更新 BIM 协议的附录 1 与附录 2

BIM 协议的附录给出了在项目中 BIM 实施的合同地位。附录 1 要求信息经理更新责任矩阵，使其与 BIM 工具箱的内容保持一致。附录 1 描述了项目每个阶段的工作与交付文件的责任，在适当情况下还包括定义层级。业主信息要求构成了附录 2。实施 BIM 协议对于"BIM 水平 2"项目的正确施工必不可少；没有 BIM 协议，项目文件只有微弱的法律效力。

支持合作文化

信息经理鼓励顾问之间的有效合作，促使项目团队成员发现工作环境对其专业和整个项目产生的利益。团队成员正在寻找一个特殊的信息单元，或业主团队成员的咨询，应作为信息经理工作的第一站。

组织项目团队的信息交换会议

信息经理帮助项目团队成员制定信息交换流程，包括规定和同意召开、主持和记录信息交换流程会议的程序。

项目管理责任

这一责任范围要求参与并遵守项目团队管理程序和管理流程，包括：

● 风险与价值管理

- 性能管理与测量程序
- 变更管理程序，包括调整预算和计划
- 根据需要参加项目会议和设计团队会议
- 对信息模型实施记录保管、存档和审计跟踪

安全

公共数据环境安全是信息经理的一项重要职责。需要根据公共数据环境的性质和业主信息要求规定的安全要求变更协议。如果由一个专用的外部服务器提供公共数据环境，安全措施在很大程度上将由服务器供应商处理，但是信息经理仍需要项目团队按照项目要求遵守安全协议。项目要求包括：保护业主及团队的知识产权，防止文件被删除、讹误、未授权复制或未授权编辑以及保证公共数据环境内部所有活动的透明度。

数据完整性

信息经理详细规划了所有正在使用软件的接口，确保可以根据自身对软件的认识或向任务小组咨询，实现信息共享。完整且可计算的数据，让整个项目团队不仅能够创建他们所需的输出信息，而且能够实施项目的创新实践以及在微气候分析和成本计算方面进行有效计算。必要时，业主可能需要一些协议用于管理他们的信息，确保向各相关方提供适当的访问权限。

对接经理

对接经理根据体量策略（定义其所负责的空间体量的策略）进行工作，并且与任务小组指定的对接经理保持联络。按照标准要求，对接经理负责处理施工设计的空间协调。但在实践中，这一职务有时也管理设计原则之间的一些技术交互。接口管理策略将从项目开始阶段就位，并且可以根据需要在项目基础上规定，或由任务小组规定。

接口管理的最简单形式，仅是任务小组与邻接空间直接连接，而且仅在他们必须包括外部设计工作的情况下连接。但是在很多建成环境项目中，一些参与者只负责其中一部分的设计。例如，某个空间可能被设定为具有行道树和配置公共设施的大街（图12.3），必须给树木设定充足的空间，包括树木成熟之后树冠和根区的覆盖范围、对地下工程或其他工程设施的影响。这里介绍了专业团队之间的对接以及由对接经理处理告知这一关系的信息。此外，在服务空间上设置一个街道附属设施空间，将会在需要使用下列公共设施时产生一些问题。对接经理的职责是突出强调工程师负责的公共设施与风景园林专家负责的街道附属设施之间可能产生的冲突，使其能够解决这一问题；如果不能解决这一问题，将由首席设计师做出最终决定。

复杂的技术与空间接口仍需要顾问做出专业判断。在 BIM 项目中，整个项目团队可以访问自己需要的信息，以帮助进行有效的决策。由于专业需求不同，可能无法预测每个团队成员如何使用相关信息，但是从开工前阶段开始，应采取各项措施保证有效的信息交换与合作。

时间进度

可以在初期业主信息要求、合同前后阶段 BIM 执行计划，以及任务信息交付计划和总体信息交付计划规定的项目里程碑，或在出现问题的时候进行接口管理（图 12.3）。

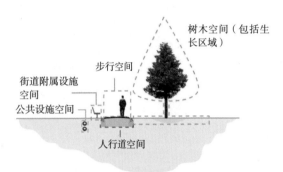

图 12.3　已设计部分之间的接口较为复杂，需要一些顾问提供输入数据。分配空间至已设计区域，可以减少设计与分配职责范围的冲突

任务小组

任务小组是负责特定结果或流程的专业子团队（图 12.4）。任务小组信息经理由任务小组任命，并向项目信息经理汇报。任务小组信息经理负责自己小组的信息管理，当小组创建的信息在公共数据环境共享时，保证这些信息符合业主信息要求及合同后阶段 BIM 执行计划的要求。这包括负责实施详细说明项目信息交付文件的协议与标准，而相

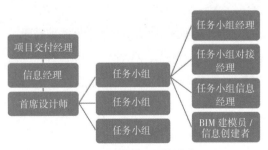

图 12.4　任务小组与项目团队之间的关系

关协议与标准可能包括命名策略、适用编号及其他信息管理工具。

任务小组对接经理应突出强调自己小组与其他任务小组之间关于设计重叠的问题，这些问题实际上可能是技术问题或空间问题。如果设计对象或一些技术接口出现直接重叠，需要向相应任务小组的对接经理提出这一情况。不同任务小组之间的接口取决于每个小组的责任、这些任务小组的对接经理，以及业主信息要求和合同后阶段 BIM 执行计划规定管理相关接口的协议。

任务小组的定义

项目管理团队与项目团队决定如何对任务小组进行分类。当前的安排包括每个专业成立一个自己的任务小组，但是正在逐步研究选择性的综合专家小组结构。例如，合作式业务关系标准 BS 11000（BSI，2010）提供了建设项目新合作策略的基础。任务小组实际上可分成下列不同类型：

- 空间

从不同行业汇集从业人员从事相同的空间工作，可以克服技术和空间设计问题，并且鼓励更好地了解他人的观点。空间工作可能是实际上把责任分配给每个顾问，也可能包括需要基于功能方法的多个部分。

- 阶段

大型项目或复杂项目通常分成几个阶段。分阶段可能会使条块心理长期存在，并对阶段任务小组之间的互操作性和接口产生有害影响。但是，允许任务小组在这些阶段以外进行一定范围的跨行业相互配合，有助于减轻这些影响。

- 系统、对象或工作包

许多复杂的对象要求专业团队保证有可用、正确的专业知识，对于基础设施项目更是如此。例如为了供应可持续的排水设施，依据其他顾问的支持或在必要时按照顾问的专业领域进行咨询，然后分配总体责任，这是经常出现的情况。利用可持续排水系统方案的实例，风景园林师可能负责整体设计，还要负责种植设计，同时土木工程师负责工程方面的工作。

BIM 的一个主要目标是在结构上逐步淘汰造成浪费和分裂的传统条块分割心态。对通常的专家行业层次实施其他责任分配，能够使从业人员的合作更加有效。这些方法可以帮助解决设计分离的问题，特别是在相同的合同框架下任命项目团队成员，同时朝着相同的业主信息要求而努力工作。如果在不同时期任命的项目顾问在给定的空间或系统中合作，可能从一开始就受到没有相关专业知识的影响。

参考资料

BSI（2007）*BS 1192：2007 Collaborative production of architectural, engineering and construction information. Code of practice.* London：British Standards Institution.

BSI（2010）*BS 11000-1：2010 Framework specification for collaborative business relationships.* London：British Standards Institution.

BSI（2013）*PAS 1192-2：2013 Specification for information management for the capital/delivery phase of assets using Building Information Modelling.* London：British Standards Institution.

CIC（2013a）*Building Information Model（BIM）Protocol：Standard Protocol for use in projects using Building Information Models.* London：Construction Industry Council.

CIC（2013b）*Outline scope of services for the role of information management.* London：Construction Industry Council.

第 13 章

测绘

引言

BIM 执行计划描述了测绘策略（见第 10 章），确保项目团队从一开始就有正确的信息用于工作。本章着眼于现场测绘涉及的信息交付与管理方面。在资产的整个生命周期，现场信息是有效决策不可缺少的部分，而测绘是"BIM 水平 2"项目实现降低意外成本与延期风险的精益建造目标的重要部分。BIM 并未使用不同的测绘技术，但是为了提高精确度与可靠性，相关的数据共享和混合建模需要高标准的测绘数据。

测绘策略

现场测绘是项目团队了解实际现场的第一手数字信息（图 13.1）。随着项目的发展，将会增加更多数据，并需要更多从业人员创建更详细的信息。项目团队的测绘工程师负责制定测绘策略，最好有项目团队所有专业的输入数据，其模型需要包括现存资产，以确保他们收到信息的质量和数量是正确的。这些信息需要在现场项目的 BIM 执行计划中进行核对。设计资产的组成部分，结果却发现随后需要重新配置这些资产，这增加了项目的时间和成本。这不仅涉及返工的问题，而是可能需要重新评估技术决策以及由于收到不正确、影响项目施工可能性的信息导致现场需要额外工作的风险。低质量的信息更有可能导致做出错误的决策。

应采用三维点对象描述点高程的正确高度，相关文本也在同一高度。应清楚标记等高线，以及根据原始测绘数据创建等高线。根据相关数据创建示意性等高线会产生低质量的连串反应；一旦测量员对数据进行平均化和简化之后，下一个信息接收者也会重复这一过程，直至该信息不可再用。在检查全部数据集之后，风景园林顾问应通知测量员简化过于复杂的几何图形，以便只提供风景园林设计、施工和管理工作所需的数据。

测绘显示了可以减少浪费的巨大范围。精益流程与技术的杠杆作用可以促进更有效的现场考察及更有效的测绘技术，例如保证收集的数据符合各项要求。应协调现场考察，避免重复活动，例如需要土壤样品的不同行业顾问能够保持联络，以便尽可能减少挖孔和取样的数量。

为了适用于建成环境项目使用的不同程序包（参见项目实施计划与 BIM 执行计划的规定），测绘信息可转换成多种不同格式。在

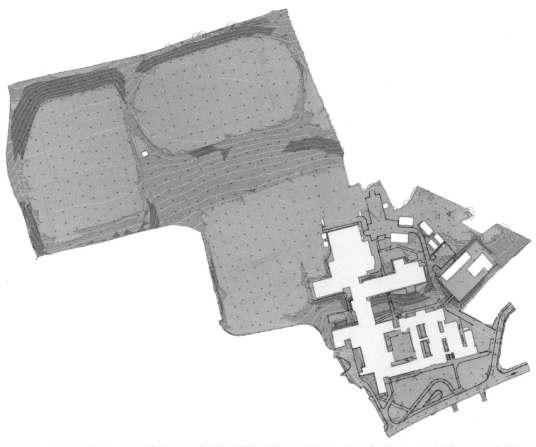

图 13.1 在 BIM 流程中，现场测绘可用于收集各种信息并纳入设计要求。在这个示例中，通过颜色对场地坡度进行分类；可通过的坡度用绿色表示，坡度大于 1/20 的斜坡用橙色表示，而坡度大于 1/3 的斜坡用红色表示。本图有助于说明哪些地方需要改进其可达性，以及草地维护中的各种健康与安全风险

发布测绘信息之前，只进行一次转换，而不是每个办公室各自进行一次，这样可以减少过度工作并确保一致性。风景园林顾问需要生态、培植树木、土壤测量等方面的现场测绘信息，以便对测量员创建的信息进行补充。精益建造规定了这些测绘信息不应收集已经记录在案的信息，例如建筑物或树木的高度，除非已经记录在案的信息可以提供更高质量的信息。整个项目采用相同的基本数据集进行工作，通过后续测绘收集的少量数据，减小项目正在引入的误差概率；应清楚说明哪些测绘信息是经过验证的现场数据及哪些信息是推断数据。

测绘技术

与精确的 GPS 设备综合使用时，可以实现最大的测绘精度。采用物理设备和软件创建测绘信息，风景园林从业人员和所有其他团队成员都依赖这些信息开展工作。物理设备是指各种类型的传感器，具体设备取决于项目规模和现场使用的方便性。地区级或

国家级项目可能会使用一些精确到米的测绘质量信息。对于难以进入或存在危险的场地，无人驾驶飞机（遥控飞机）或气象气球可用于综合测绘，但需要注意的是，使用无人机受到民航局的严格管制。如果不想在技术方面耗资过大，水平仪和测距塔尺等有效技术仍然可以满足这些要求。扫描装置可以提供全色的点云或空间坐标，或可以简单记录测量员必须做出推断的距离。摄影测量术是一种正在发展、基于软件的流程，可在视觉方面创建极高质量的测量数据；即从多个角度拍摄对象，从而能够计算其尺寸；然后创建一个虚拟对象的 3D 建模，在尺寸和视觉方面达到真实还原。这一技术最适合拍摄小型物体，但在适当的条件下，也可用于拍摄建筑物及其他大型物体。

管理测绘数据

大规模数据集

本节说明了与测绘期间收集数据质量有关的适用性影响。每次测绘需要测量员进行一些处理，使得文件更便于管理，数据更易于理解。虽然大规模数据集看起来是最好的输出结果，但是数据量并不等于数据质量，事实上，反过来可能成立。例如，点云提供了卓越的大型精确数据集。点云是采用激光扫描设备记录的一个三维点集，能够以较高的精确度拍摄地面和周边环境特征，也包括一些步行者、停驻汽车和低空飞行的鸽子，但不能记录窗户和水面等反光表面。结果是一个巨大但不完整的数据集。可采用点云后期制作阶段，把扫描结果转换成业主和设计团队可以使用的形式，通过充足的

植入数据创建三维对象，并归入资产类且删除多余细节，使其成为项目团队数字工作流程的一部分。

信息

一些文件格式可以生成场地对象的补充信息，例如规定硬质景观材料。假设软件的兼容性和充分利用的信息，可以启动一个建模程序，从一开始创建资产信息模型。在原始测绘数据中加入补充信息，可以创建各个对象的定义属性，例如可以了解模型的材料，创建重复利用或热计算的可能性。信息经理应保证通过这一方法创建的信息与项目需求保持一致。而在决定这一信息添加到测绘模型时，必须保证整个项目团队可以使用这一信息，而且没有互操作性问题。为了保证测绘团队对特定项目阶段创建适当的细节层级和定义层级的信息，被测量对象的定义层级可能包含在工程数字计划和项目的 BIM 执行计划中。

技术测绘

为了保证测绘收集了 BIM 工作流程需要使用的数据，可能需要审查测绘结果。在初步测绘之后，还需要测量树木、野生动物和地面设施；还可能需要进行地质、岩土或水文测量。测量员应保证自己使用的基础测绘没有含糊不清，因为基础测绘是后期测绘并提供新信息的基础。技术测绘从一开始就为 BIM 工作流程提供了信息；定义对象位置的图形信息和描述它们的元数据必须紧密相连，并且必须采用数字格式。

因此，项目团队应保证这些测绘收集的信息可用 3D 格式，并含有将要纳入数字工作流程的元数据。如果随后的测绘由静态的 2D 图纸呈现，而且相关对象没有适当的文字说明，将被认为不符合 BIM 标准。但重点应放在工作流程上。在采购测绘时，重要的是以终为始，确保所有信息交付文件（包括测绘结果）适合他们将要使用的特定用途。应该记住的是，精益流程不需要交付任何多余的信息。

岩土

当出现土壤结构方面的问题时，或部分项目需要移动大量土方时，将需要进行岩土测绘。测绘结果应对现场地质情况的结构与强度提供详细的 3D 信息。

考古

如果考古调查以案头研究为主，可能需要对基础设施或其他大型项目进行现场考察，可能会有考古方面的重大发现。BIM 流程可以结合大量的技术进步，例如探地雷达可用于为风景园林信息模型提供 3D 信息，让设计团队能够进行地下或地面考古工作。

树木栽培

树木测量员应记录现场树木的种类和健康状态、树冠伸展范围和根部保护范围。现场点云测量可以允许通过案头研究完成大部分工作，但测量树木的健康状态需要进行现场考察。BS 5837：2012（BSI，2012）规定了现场树木管理的建议与最佳方法，并对创建树木档案提供了一个编号系统。该标准采用

一个基于文档的方法进行文件编制；是否严格遵守或是采用更多基于技术的方法，是项目团队需要讨论的问题。

生态

生态学家的第一期栖息地调查是评价一个地区生态的初始方法，但是为了鉴别现场的物种，可能需要进一步调查。生态学家经常使用地理信息系统，这表示他们的调查可以轻松覆盖本底调查和地理环境。生态学家在项目初期阶段的工作，影响了应进行工作的时间和地点，从而降低对受保护物种的影响。作为项目现场的特殊要求，生态调查可在初期开发之后持续进行，以便收集大量数据。

土壤测绘

风景园林顾问需要重点关注作为生长介质的土壤能力、潜水位和地下水位以及各种污染。BS 8574（BSI，2014a）规定了取样钻孔的要求；应采用专业判断决定所需的精确度水平。无论是土壤科学家、地质学家还是风景园林师负责土壤测绘，测量员必须使用业主要求确定应通过该模型收集的信息。因此，该模型必须包含详细说明目标土壤容积3D 范围与所在地的各种信息，例如被污染土壤或浅层生长介质。

地下资产调查

项目现场的地下设施和资产，应按照PAS 128：2014（BSI，2014b）进行调查，需要进行初期案头调查、现场勘测、检测与验证。应确认已开发的项目，包括所有已检测的地

下资产和描述这些资产的元数据，例如直径、用途（下水道、电气，等等），并且应采用外部工程团队成员可用的格式提供。技术测绘是减少意外成本或时间支出风险的重要环节。整个项目团队应可以通过公共数据环境使用相关信息，而这些测绘得出的数据应添加到基础测绘数据的正确位置。

参考资料

BSI（2012）*BS 5837: 2012 Trees in relation to design, demolition and construction. Recommendations.* London: British Standards Institution.

BSI（2014a）*BS 8574: 2014 Code of practice for the management of geotechnical data for ground engineering projects.* London: British Standards Institution.

BSI（2014b）*PAS 128: 2014 Specification for underground utility detection, verification and location.* London: British Standards Institution.

第 14 章

竣工后阶段

引言

项目交付之后即开始风景园林的管理与运营阶段。"BIM 水平 2"最终服务于用户需求与资产管理，而且在本阶段可以判断一些工作是否成功。本章包括了用于保证风景园林使用者与管理者获得最大利益的资源以及项目在本阶段可以提供的学习机会。需要注意的是，在产生大部分成本的竣工后阶段，可以在很大程度上实现 2011 年《政府建设战略》概述的建成资产节约要求（英国政府，2011）。

一些读者可能已发现没有包括施工阶段，这是有意为之。BIM 流程期间显著减少了现场考察与清理工程的要求，因此可能很少有人会要求提供信息或修改设计，因此有可能在不遗漏任何重要的 BIM 细节的情况下进行竣工后阶段的讨论。

从终端用户开始

为了能够创建一个人性化的风景园林项目，让管理人员与用户接触早期开发过程，BIM 提供了各种工具：业主信息要求规定了需要满足业主要求的合同义务；PAS 1192–3：

2014（BSI，2014）规定了如何管理经营风景园林的信息，以及政府软交付（GSL，2013）。"BIM 水平 2"项目以终为始，这些工具联合保证了交付给用户和管理人员的风景园林项目适合预定用途。

BIM 强调了业主和项目团队从不同项目中学习经验的重要性，然后将学到的经验用于未来的工作流程，以便在实施未来项目时能够获得各种降低成本或增强质量的创新性技术。当团队之间频繁合作，与业主建立长期关系，或业主开发特定类型的资产时，这一点显得更加重要。

PAS 1192–3：2014

本标准的目的是保证风景园林设计与施工的模型信息移转到风景园林运营阶段。本标准规定了项目团队创建的信息，应在正确表示开发项目的单个最新版本中使用。因此，检查模型应需要查看当前的所有资产。本标准还提供了改良型设施管理流程，因为在拥有适当的信息时，可以轻松鉴别各种问题及解决方案。

本标准能够让资产、设施和景观管理人员进入项目启动文件，尤其是资产信息要求（AIR）和组织信息要求（OIR）。这些要求可能以具体利益为目标，例如：

- 在交付精确、完整和明确的信息时，以及经营业务从一个服务供应商转让给另一个供应商期间，减少自动转让产生的费用；
- 增强风景园林经营与维护需求的意识；
- 根据实际风景园林性能和状态，更好地决定经营和维护费用；
- 通过收集动态测量和条件传感装置的数据，尽早鉴定不良性能与故障；
- 在拥有完整和精确的风景园林信息之后，改进组织规划与战略规划；
- 监督要求引入的自动验证结果信息质量提升。

政府软交付（GSL）

"BIM 水平 2"要求政府软交付在每个阶段植入项目团队的活动。使得设计与施工团队能够向风景园林用户和管理人员提供逐步扩大的项目交付，以及帮助业主坚持资产预期用途的"黄金线"，保证正在实施的计划符合初始目标的要求。业主将在业主信息要求中包括软交付策略，并在设计期间考虑"BIM 水平 2"项目的试运行与维护等方面。软交付可以通过多种方式给风景园林相关行业带来利益。例如，可以在实施之前鉴别设计方面的问题，以便在施工之前完成修改，由此带来的不仅是更高质量的设计，而且更容易进行维护及更低的维护成本。为了满足用户的需求，还可以在设计阶段改变风景园林特征。虽然政府软交付流程在资产开发期间持续存在，但是其效益直到交付之后和竣工后阶段才会体现出来。

政府软交付倡导人

政府软交付倡导人在项目一开始就存在，作为与项目团队或业主没有直接关系的独立第三方。政府软交付倡导人帮助交付项目团队工作以及把项目当作一个整体（包括已评价风景园林）进行使用后评估，其目的是保证满足项目的社会、环境和经济要求。使用后阶段的用户有机会提出他们的要求，而相关项目团队成员需要做出答复。

政府软交付对提高风景园林区域的设计结果具有重要潜力。通过政府软交付交付的风景园林满足业主和用户的要求，因为项目团队在设计期间已对此做出答复，并在交付之后继续保持。这是业主用于评价项目成功度的一个有效指标。由于可能在施工多年后才实现设计效果，更长期限和更多人员参与的设计为风景园林专业人士提供了更多机会，避免设计意图与实际效果之间出现偏差。在了解管理人员和用户的要求之后，可以更有效地管理项目，而且设计也可以适应用户的需求。此外，风景园林维护人员需要预先了解什么工作可以保证风景园林满足预期用途。政府软交付让风景园林管理人员参与智能、有前瞻性和负责任的交付与管理流程，把学到的经验用于之后的项目，从而提高了风景园林管理人员的个人能力。

政府软交付团队的知识可以让人更好地了解风景园林设计、施工与运营可能需要的改变，了解机遇和挑战。下列活动都致力于软交付。

初期与简介

通过在项目初期阶段提高业主与用户参

与，可以避免很多只在项目生命周期后期出现的问题。为了管理风景园林交付及其经营成本，应在初期制定风景园林的性能标准。随着项目发展经历各个阶段，项目团队将设定一些工作目标，而业主团队可以对这些要求制定具体的简明语言问题。也允许对特定目标制定更明确的预期要求，而不是只专注于一个特定的 BREEAM 评分，例如业主可加入讨论，确保他们满足的 BREEAM 分数与其项目目标保持一致。

设计发展与审查

政府软交付审查可以帮助检查团队是否在设计可行的想法，以及用户是否能从资产中获得最大收益。政府软交付会议代表的专业领域保证了资源得到良好的管理，从而能够以更经济实用的方式使用和维护最终产品。

中途停车

根据政府软交付要求项目"中途停车"，然后由业主团队、政府软交付倡导人和项目团队集中审查工作和进行适当修改。会议的目的是形成一个协同环境，以便公开和诚实地共享信息与讨论问题；会议应使用简明语言，确保清楚传达并理解从业人员的技术输入信息。业主团队、设计与施工团队等主要项目参与方的代表应出席会议。每次会议讨论的问题需预先议定，在简明语言问题方面使用简单短语也是业主信息要求之一，而且会议应保持讨论议定的特定主题。

预交付

经营管理人员了解风景园林的设计意图是项目取得成功的关键。保证需要了解风景园林性能的人员能够使用技术信息以及对用户和管理人员提供信息，帮助这些团体正确评价风景园林的潜力及其职责。特别是在设计包含一些明显不需要的创意或策略的情况下，还需要各方之间进行更透彻和更持久的对话。

初期安置

在交付之后，立即转入风景园林用户和管理人员培训阶段。应提前安排培训，保证提供正确的信息；为了避免浪费，需要计划适当的资源分配。与风景园林用户和维护人员举行会议及分享使用和维护方面的信息，有助于设计团队适应他们的需求以及在必要时修改风景园林。通常仍会出现需要打磨流程的情况，但需要在设计与施工团队预期的维护程序中输入更多信息。检查、会议和现场考察提供机会讨论如何共享信息，以及同意对该流程进行可能需要的改变。

本方法需要"无责备文化"才能有效工作。初期安置流程期间发现的问题应该被视为需要吸取的教训。业主对降低成本有长远的看法，并且应该注意到与额外培训和其他促进风景园林优化利用的活动相关的支出是投资过程的一部分，最终可以降低运营成本。

扩大安置与使用后阶段评估

随着风景园林开始投入正常使用，需要进行大量活动才能保证持续满足用户的需求。记录、现场考察，以及与政府软交付团队成员举行会议，可以鉴别为了更有效提高风景园林功能所需要的改变。在项目试运行阶段，必须尽早完成安置承诺。由于风景园林在生命周期中的大部分成本出现在运营阶段，扩大安置期限和竣工后阶段改变，可以有助于降低这些成本并实现重大节约。

资产信息模型（AIM）

移交后阶段资产信息管理的两个主要方法与设计和施工阶段相同，即公共数据环境和信息模型，在这一阶段被称为资产信息模型。需要改变的只是支持设施、风景园林与资产管理人员，及其软件要求。通常需要把信息从一个公共数据环境服务器移动到另一个，或重新安置资产运营商自己的服务器。如果软件系统改变，应对此进行规划，确保在此阶段有效交付信息。

如果设施管理团队拥有可读取 COBie 的软件，此时已制定的 COBie 交付文件，可以成为从一个系统向另一个输送信息的有效方法。输送完成之后，需要采用适合运营经理需求的方法管理信息。首先，应按照业主信息要求所需的形式在资产信息模型中发布信息，业主信息要求可能规定了适用于业主的信息技术系统和风景园林管理规程的信息交付方法。通常采用地理信息系统和时间管理组合程序存储风景园林管理的信息，因此资产信息模型仅是正在使用的总信息的中一部分。

维护活动记录为资产信息模型的一部分，它仍然是最新模型的一部分，并提供了一个准确的风景园林描述。风景园林经理的活动主要分成被动维护与计划维护，或两者的综合，他们的信息要求反映了这一点。例如，风景园林经理可以决定按照特定的时间间隔进行草坪修剪，但这些活动的具体日期将由各种因素决定（例如天气和地面条件）。

当资产达到使用寿命末期或需要大修时，信息模型将自动形成下一阶段的基础。资产信息模型将再次成为项目信息模型并重新启动创建信息交付文件的流程，不过是从一个更明智的角度启动。例如在重新开发期间，资产信息模型可用于监控成熟度和确定现场植被。采用 PAS 1192-3（BSI，2014）进行管理的风景园林，可通过资产信息要求文件通知根据 PAS 1192-2（BSI，2013）进行运营的项目。这些标准可以与其他"BIM 水平 2"标准联合使用，确保创建高质量的信息，在项目生命周期的各个阶段满足风景园林要求。在整修或重新开发期间，资产从第 7 阶段（使用中）循环移动到第 0 阶段（战略定义），现在处于现代施工的普通生命周期。将来，许多"BIM 水平 2"项目将附带大量的有效信息，能够对现有的场地性能实现最佳利用。

学习经验

在项目竣工之后，设计与施工团队通常会各奔东西，使得团队内部或团队之间能够更好完成工作的创新也随之消失。学习经验并加以应用是在政府软交付中实现使用后阶段良好评估的关键；评价项目的性能、成本及经验教训，以便用于未来的项目。例如，监测植物损失和更换速率，以及与项目生命周期成本有关的维护数据，也可能提供重要的定量数据。

学习经验的原则同样适用于项目团队成员发展自己的团队工作与合作流程，实际上也适用于设计业务。协同工作包括一定量的相互教育，并有一个适当的审查系统，在这一基础上可以进行学习。在项目运营期间抽出时间记录和审查改进情况，可以使项目团队及其成员能够在项目期间或项目之外学习与发展。

参考资料

BSI（2013）*PAS 1192-2：2013 Specification for information management for the capital/delivery phase of assets using Building Information Modelling*. London：British Standards Institution.

BSI（2014）*PAS 1192-3：2014 Specification for information management for the operational phase of landscapes using building information modelling*. London：British Standards Institution.

Government Soft Landings（2013）*Government Soft Landings micro-site*. London：Department for Business，Innovation and Skills. www.bimtaskgroup.org/gsl.

HM Government（2011）*Government Construction Strategy*. London：Cabinet Office.

第 15 章

风景园林管理与维护

引言

软景工程、硬景工程、户外家具及其他对象都需要持续监控和维护，执行这些工作需要有场地及其内部设施的强大信息。这是目前资产列表或清单及管理计划提供的信息，但不能通过软件查询静态文件。无论对象是树木还是铺装区域，其记录不仅需要用于有效管理，而且需要能够对数据进行整理和分析。在这方面，BIM 向风景园林经理提供了大量的场地相关信息，创建了改良型管理的范围。BIM 强调了明确可固定要素或固定资产的计划管理和维护的细节和预测要求的必要性。

有效的风景园林管理策略需要考虑到季节变化和意外事件，这些是各种风景园林生命周期的一部分。BIM 有可能创建综合的场地记录，随着时间的推移，这些记录可以显著改善维护。本章介绍了风景园林资产的电子化管理，特别是采用地理信息系统和 BIM 进行工作，以及创建一个满足风景园林经理需求的资产信息模型。

适应场地条件的设计

了解风景园林将如何随着时间的推移而变化，从而做出适应场地条件的设计，是风景园林专业实践的内在要求。通过综合设计意图与管理和维护方法实现这一目的；风景园林维护的方法和专业知识对风景园林外表和功能如何逐步变化，以及从长远观点来看它将如何发展影响最大。综合设计、维护技能与方法是必不可少的，管理设计需要适当的方法与技能，而设计应能够适应可用的方法与技能。除了维护风景园林的审美价值和生态价值之外，现场维护人员的健康与安全管理是必不可少的，在政府软交付的推动下，需要风景园林师与风景园林经理之间进行对话，确保稳定交付的风景园林项目可以安全使用。设计应避免在运营阶段造成安全问题的现场特点，或尽早减轻危险。

被动维护与计划维护

风景园林维护活动是为了符合性能标准的被动维护或计划维护。计划维护工作发生在特定时限内，有一定的回旋余地。被动维护工作需要管理人员监督事件并进行适当的维护。例如，需要更换一个损坏的产品时，最好使用类似或完全相同的产品，避免需要重新设计周围的安全缓冲区域。BIM 通过计算特定任务的时间和成本，以及获取设备和供应品的模型信息与制造商信息来支持维护活动。能够计划团队成员实施工作的活动与下一个合理的最佳活动的能力至关重要；随着工作数量和种类的增加，减少浪费和产生更大经济效益的程度显著增大。

风景园林电子化管理

风景园林资产的电子化管理有两种截然不同的规模：特定场地和多个场地。在单个场地进行工作时，管理人员将要维护现场对象、其位置与状态，以及各种危险的信息。在更大的范围内，也会存储相同的信息，但随着每个场地负责的团队及其不同状态的补充信息的增长，复杂性也不断增加。

根据将要管理风景园林对象的规模和数量，以及业主和风景园林管理人员可用的资源，目前有大量软件可供选择。在创建资产信息模型时，应谨记管理风景园林的软件基础。管理人员和经营人员能够轻松使用软件，是保证有效传达设计意图、正确记录资产及其他对象状态，以及始终对风景园林状态有明确认识的关键。同样重要的是风景园林管理人员维护风景园林的能力，因为风景园林的修改和发展也是经验学习方法的一部分。

在场地尺度上，图纸和模型等空间信息在很大程度上仍未使用数字格式。对于更大的尺度，资产信息存储在地理信息系统，因此与资产的位置有紧密联系。可采用不同技术对这两种尺度提供大数据模型。这个范围的一端是单个工具及相关的数据库；而在另一端，可以综合使用 BIM、地理信息系统及其他工具，使用空间数据库或者关系数据库连接软件包与数据库所含信息。创建的信息

应能够在不同平台上存储和阅读。

地理信息系统与 BIM

与 BIM 建立更密切的关系适用于很多领域的现有管理流程；在其他方面，需要更多工作去创建和管理信息。对于风景园林管理系统纳入 BIM 工作流程的成本与收益，应进行一项评估。已使用地理信息系统或 BIM 工具管理信息与空间布置的管理系统，可以明确、有效地纳入 BIM。例如，把一些资产（如法定机构的树木登记表）纳入 BIM 具有重要意义，即使人部分处理工作仍在现有地理信息系统工作流程内。

通过从一开始，或在业主的资产管理战略计划中制定一项信息交换策略，可以实现这一互操作性。在数据库内结构化的地理信息系统数据与 BIM 数据具有一个空间方位；具有适当地理空间坐标系统的信息模型可以纳入地理信息系统，反之亦然。当然，根据场地条件设计的专用工具，最适合用于存储场地数据；而大规模空间数据的存储工具，适用于更广泛区域的信息。

在规划地理信息系统与 BIM 之间的对接时，业主及其项目团队应考虑综合数据对可访问性的响应。在可访问性是关键的地方，已载入所有 BIM 数据、用于多个场地的地理信息系统，需要强大的计算能力，但能够深入了解这些多重文件所含的数据。统一使用这些模型，可以有助于未来工程与维护的工作规划、采购策略，以及成本管理。

但如果以响应性为优先，地理信息系统可以提供链接来打开外部软件包中的 BIM 数据，而不是尝试植入数据；BIM 专用工具的操作必须始终强于含有 BIM 数据的地理信息

系统软件包。为了在可访问性与响应性之间权衡利弊，可以采用简化图形的形式提供资产信息模型，只提供与资产有关的信息和风景园林管理团队包括的信息。对于 BIM 与地理信息系统对接的各种情况，为了保证按要求操作系统，需要进行试验。

对于未来工程采购，为了项目团队能够提供与未来系统可互操作的信息，需要制定相关协议。例如，在建立连接之后，管理人员必须能够访问信息并检查目标位置或目标类型。这些信息还必须是可编辑信息，以便能够保持更新；通过适当的访问控制，确保只有授权人员可以修改资产。最后，其他软件包必须能够访问这些信息，以便在出现新问题或开发新的管理工作流程时，可以改变系统的基础信息。

分类系统

分类系统和标准化信息格式可以帮助管理人员有效制定计划。分类系统提供风景园林活动、计划和状态的概述，利用分类对风景园林内部活动进行分组，共同对风景园林维护方面的时间和成本提供更深入的了解，其效果远远超过提供一系列单独事件。风景园林领域正在使用的系统包括 Uniclass 2015 和 NRM 3，提供规划成本管理与采购的工具，并允许管理人员鉴别各种方案并做出相应答复，例如在维护期间进行更换或改变。例如，通过查看相关事件可以对更换树木种植达成共识，如果需要植树数量超过预测数量，可以调查根本原因并进行补救。

在过去，分类系统与管理的使用和有效性通常受到可用信息质量的限制；在实施 BIM 之前，对工料测量师的要求通常是在项目各个阶段收集和判断信息；在实施 BIM 之后，风景园林经理负责完成这些工作。现在 BIM 允许每个从业人员提供有效信息用于计算、管理、成本预测及设计考虑。

产品数据模板（PDTs）

产品数据模板是通过可自由使用的标准格式的数据，为建筑行业提供更大权限访问对象信息资源的关键。产品数据模板允许制造商与供应商提供一致的产品数据并输入 BIM 工作流程，使管理人员可以轻松地在自己的资产信息模型中加入产品样本的数字信息。很多专业机构开发了产品数据模板，用于涵盖行业具体的产品数据；英国风景园林学会正在领导开发景观产品的模板，可从英国风景园林学会网站免费下载这些模板。在英国，负责产品制造与供应的标准化和规范要求的制造业协会，已在开发产品数据模板方面取得重大进展。部分产品数据模板示例如附录所示。

产品数据模板创造了产品数据格式，这种格式对生产商按照自己的设计风格或非可机读形式（如说明书）提供的产品信息，提供了一种可机读形式。在考虑项目的一些材料和对象选择时，包含产品信息的电子数据表或数据库更容易进行更新以及在各种标准的产品之间进行比较。每个单独对象都要输入项目使用的产品数据表（PDS）。标准化格式使产品能够轻松地进行交换，所有产品标准将自动更新。例如，当某个产品为了另一个产品而改变时，允许对可持续性标准进行比较，在收集所有其他可持续性信息之后，将展示两个不同产品之间的选择如何融入总体项目。作为标准化设计的结果，产品数据表还对输出信息提供一个更简单的选择。

第三部分

技术

引言

本书的第三部分讨论 BIM 的技术方面，重点放在相关人员在执业团队内部实施技术变动的需求。本部分的各章节着眼于 BIM 实施引导信息技术方面所需的流程，重点放在组织级别和项目级别 BIM 工作的技术工具。具体软件包的讨论已超出本书范围，因此本部分只涉及一些原则和优秀的实践做法，未涉及特定产品。

BIM 准备软件范围包括可以连接设计对象与规范信息的软件包以及通过基于可定制规则的设计、连接完全集成模型的数据库。BIM 项目使用的软件包需要能够交付信息模型。这些模型的信息单元可作为每个项目参与方的"黄金线"。项目团队可以采用其他顾问创建的模型进行工作，从而更深入了解发展情况；风景园林管理人员可以收到关于项目的最新信息，进行更有效及更高效的维护工作，而客户可以更好地了解自己的建成资产。

下列章节涉及 BIM 项目在文件和模型方面的数字输出信息，创建这些信息使用的工具，以及考虑信息共享的问题。最后一章介绍了 BIM 的未来主题，确定了风景园林方面的一些新兴发展和新方向。

第 16 章

数字工具

引言

本章从介绍 BIM 项目适用软件的显著特点开始。BIM 不是软件,而且也没有现成可用、一体适用的 BIM 软件解决方案;但是为了符合"BIM 水平 2"标准,需要一些具体的软件功能。在介绍一些技术要求之后,开始讨论选择软件的一些标准。建议在执业团队内部及与软件供应商和代理商讨论会中提出疑问和考虑问题,目标是帮助信息技术管理人员和决策者确定软件包是否从 BIM 创建和设计到成本管理等各方面满足自己的战略需求和业务需求。这一决策程序首先需要考虑执业团队的战略目标、BIM 的要求,以及两者之间的共同点。

什么软件适用于 BIM 项目?

确定软件是否适用于 BIM 项目的两个基本原则:基于对象的设计与信息交换。BIM 流程建立在这些主要软件功能的基础上。基于对象的设计连接了描述对象的信息和直观立体判定的几何图形。信息交换或互操作性是指与其他软件包合作及共享信息的能力,且不会出现信息的损失或改变。

参数化功能对于 BIM 流程也非常重要,其中一个对象的某个方面出现改变将会串联到该对象的各个方面,需要考虑进一步控制对象形式及其相关信息。目前有很多参数化软件解决方案,很多允许使用参数的制图软件包。需要提出的问题是"变化是否自动适用于对象的各种情况或各种类型"和"如果对象改变,是否还需要更新规范"。换句话说,软件连接对象图像与其描述信息能够达到什么程度。

BIM 流程使用的软件具有一些其他的具体特征。首先是智能,表现在对象与其定义数据之间的相互配合。例如,允许对一棵树随着时间推移的生长情况及其与其他树木的相互依存关系进行建模。智能软件还可以设定将要自动应用于设计实施的规则,如果设计过程中出现违规情况,将会对设计者发出警告。

软件的第二个主要特性是能够模拟和创建三维模型。此外,设计师能够与设计对象一起工作,利用设计对象的属性创建虚拟模型。图形与信息的综合是创建虚拟资产(可以在整个项目生命周期使用)的重要因素。在模拟过程中,允许对天气、热量及运动等关键特征进行建模。模拟可以实现快速计算和更好的知情决策。BIM 使用的软件正朝着精确表示一个实际场地的虚拟设计转变，而三维模型通常被设想为最终的 BIM 工具。采用对象的属性进行建模，这意味着当对象的一个类型改变时，该对象的各种情况也会相应改变。可以伴随对象的数据量意味着设计和分析功能的范围不断扩大，用于交付 BIM 的原则和愿望仍很遥远。

软件工具的基础技术决定了它们在合作项目环境中的效率。数据库功能要求所有对象在数据库进行分类，为了便于查询，应从语义上安排分类。Uniclass 2015 是"BIM 水平 2"需要的分类系统，但整个建筑行业也在使用许多其他的分类系统。信息管理功能应考虑对象的句法和语义相结合，以及软件包与用户之间及其内部信息交换的互操作性。

"BIM 用途"软件能力

"BIM 用途"概念（Kreider & Messner, 2013）对 BIM 项目可能使用的软件在收集、创建、分析、交流与实现的标题下，如何按照功能进行分类提供了有益的设想。启动 BIM 工作流程各个方面的分类，突出了技术在建成环境项目设计中的作用；根据点云测量创建三维模型的软件包，与制定种植计划或执行成本计算的数字工具一样，都属于BIM 流程的一部分。

收集

收集是指获取一个设施或景观的信息，期间允许测量和识别对象，以及启动 BIM 流程管理。可以核对与判断测绘数据的软件流程，属于收集功能的实例之一。例如，项目团队已收集关于拟议开发的信息，可用于完成早期的工料估算，使成本管理流程能够尽快启动。

创建

创建过程是指在设计中布置具体元素，从绘制一般特征（地形）到单独对象（如街道公共设施和植物）（图 16.1）。这一过程包括定义对象及其位置以及具体细节（如性能要求）。按照具体的细节层级，针对项目的具体阶段创建对象；例如，在景观内部布置植物或硬景工程。

分析

BIM 分析令人激动的一面是能够在实际启动施工之前预测资产的使用性能。分析可以展示如何使用设计或如何采用多种方法在设计环境内工作。例如，径流与管道水流、坡度分析、状况分析、山体阴影分析、视觉影响区、阳光和阴影分析、雨水收集量、停车容量、人群仿真或车辆模拟。了解气候因素和使用设计阶段的场地，有助于保证设计适合其用途，但重点是谨记分析并不一定产生可行方案。这些分析类型可以有助于业主团队和场地未来用户更好地了解资产设计，以及在整个开发过程中推动更有用的反馈。分析还可以说明设计是否正确进行以及鉴别设计内部的冲突。

交流

BIM 项目中的软件交流功能是指需要信息的每个项目参与方可以访问该软件。信

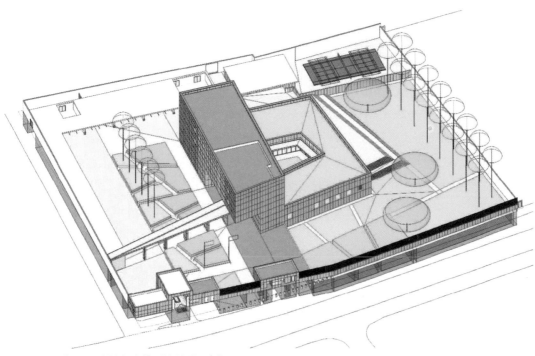

图 16.1　设计工具可创建概念模型并说明设计意图

图 16.2　根据精确信息创建的可视图像使设计可以清晰地传达出来，让项目参与方能够知情决策

息交换对 BIM 具有重大意义，并且有助于 BIM 的许多其他功能。例如，创建静态、动态或交互式的可视化信息，对资产提供真实表现，使业主能够评价或证明其预定用途（图 16.2）。软件还可以生成图像，直观地显示数据。

实现

实现是指实际建造的资产和构成整体的不同部分。例如，软件可以按照正确的标准、采用适当的格式提供必要的信息，使设计部件或系统能够进行场外制造或现场组装及冲突检测。此外还允许简化施工作业，例如为了实现最稳定的施工，对承包商的现场工作进行调度。

风景园林软件工具

这些 BIM 能力类型在本节中应用于风景园林执业团队通常使用的软件以及一些 BIM 专用的工具，以便确定风景园林 BIM 项目所需的功能。

风景园林软件

风景园林专用软件向风景园林从业人员

提供了进行种植计划与土建工程的工具，包括材料规格和对象位置。例如，应用模拟的能力可以演示植物和树木如何随着时间推移而成长，而三维对象表示可以演示设计意图。这些软件包满足在"BIM 水平 2"项目创建传统的二维项目文件的要求。还需要风景园林工具满足供应链的信息要求，包括使用制造商或供应商的信息的能力，以及采用有效格式向承包商和风景园林管理人员提供相关信息（图 16.3）。

地理信息系统（GIS）

地理信息系统是一个主要分析工具，为多空间数据集应用自定义算法提供工具。地理信息系统可用于现场环境分析以及作为扩大总体规划与区域发展战略的一部分。地理信息系统在地区一级可用于监控开发的影响，或在一个资产组合中汇集多项开发。场地规

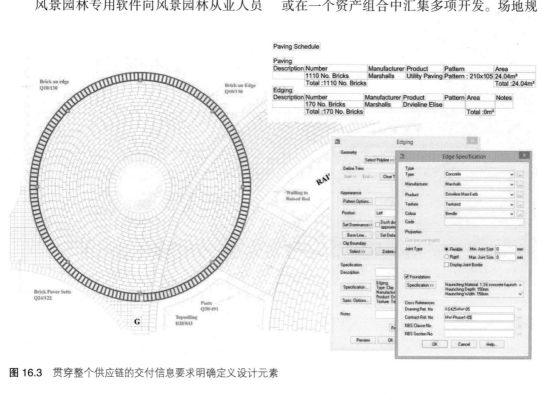

图 16.3　贯穿整个供应链的交付信息要求明确定义设计元素

模的地理信息系统可监控场地使用情况及随着时间推移对其环境的响应。由此可以提供对场地性能的理解，能够针对场地的不同情况进行改变或优化，例如管理容易被淹没的区域。虽然在传统上是一个二维软件包，但是地理信息系统正在逐步融入三维模型信息并将地理信息数据集与 BIM 信息和图形合为一体，从而实现可视化。

地理设计工具

地理设计工具可在场地尺度和超场地尺度生成总图，针对场地环境制定各种方案并进行分析。在风景园林环境中对拟定开发类型预判规模、落实材料和准确定位的能力，为地理设计工具提供地理信息系统的一个额外维度。例如，为了一个理论视野区域能够

更真实地展示开发带来的视觉冲击，在景观环境中布置三维仿真的风力发电机。能够根据二维地图数据创建公路、水域和植物群等三维对象并将其覆盖在三维地形上，补充了地理设计工具的能力（图 16.4）。

规范软件

规范软件与创建工具相配合提供对象安装和管理的信息。由于设计师和承包商提出不同的材料与技术，规范可用于检查这些材料是否满足要求。以数字形式向项目经理和承包商提供相关信息，规划与管理提高项目监督的工作荷载，保证执行最新的标准。规范软件应能够与 BIM 工作流程使用的其他工具交换信息，并且具有输入设计信息、按要求进行对象分类的能力。为了促进成本降低，

图 16.4 推动设计的总体规划三维模型，对设计团队具有重要意义，对于外部利益相关方来说也清晰易读

规范软件还应能够交流这些分类信息，因此需要进行规范分类。随后，分类信息应能够传递到其他软件包，如资产与设施管理软件包、数据库与电子数据表。

成本管理软件

为了确定施工与维护成本，根据材料和现场信息，工作流程可以采用各种成本评估工具。一个系统必须能够自动收集材料和现场对象的定量信息，然后根据项目 COBie 规定的场地名称，按空间、区域和范围进行分类（COBie 是在整个资产生命周期进行信息交付的交换机制，更详细说明见第 18 章）。成本管理软件可用于评估初期建设场地开发的成本，然后向管理团队交付信息，这也是正在进行场地成本监控的资产信息模型（AIM）的一部分。成本评估与仿真过程的分析能力可以从初期阶段预测场地成本。可以通过项目管理工具协调成本管理，提供成本预测里程碑，以便向业主报告决策点并监控发展情况。

BIM 三维建模软件

BIM 核心建模软件应能够收集与合并现有的场地信息，包括几何图形、项目相关材料及资产信息。在各种工具内对 BIM 对象加入不同资产，考虑了将要规定的对象元素，例如价格信息或碳存储。把不同空间按照设计给定的区域或范围名称进行分类，可以允许分配子区域的数量和成本，从而改善成本和项目管理。本软件应能够对项目的每个具体阶段创建适当细节层级的图形与信息。本软件应能够在三维模型中插入设计对象，或根据彼此之间的规则，对场地部分进行规定、分类和按大小排列，使其符合性能要求。

本软件应能够进行内部分析，或应提供与其他软件包共享信息的选择，以便能够分析项目团队提供的额外技术服务。本软件应能够通过对性能标准进行评价，确定设计是否满足要求，例如检查人行道是否满足正确的坡度要求。在设计期间详细规定对象之间的关系，也可以通过试验确定是否满足要求。

确保其他软件包可以共享信息是 BIM 核心建模工具的一个关键活动。必须能够输出与输入正在设计对象的几何图形和信息，使设计团队能够与项目团队其余成员协同工作。为了让项目参与方能够参与设计，本软件应提供场地的真实重现，包括材料或创建空间的清晰显示以及剖面图、立面图和轴测图等传统设计视图的图解。"BIM 水平 2"要求从文件输出二维信息，因此本软件需要能够创建制图信息。在实现方面，BIM 建模信息应可用作项目信息模型（PIM）与资产信息模型（AIM）的一部分，以便分别启动资产组成部分的施工与管理。

BIM 浏览与审查软件

BIM 浏览与审查软件汇集了联合形式的模型，用于协调信息和解决空间冲突。不同从业人员协调文件的能力是本软件成功作为一个分析工具、在相同三维环境批准彼此之间的设计以及识别待解决问题的关键。

COBie 软件

COBie 软件规定了特定对象的维护要求，通过托管软件强调计划任务的正确管理。本软件还规定了竣工资产的有效信息来源，因此管理人员可以在必要时正确、轻松更换产品。通过规定标准化信息格式，COBie 软件可以根据整个场地的性能实现分析可视化。由于本软件作为可维护资产所有规划工作信息的中央资料库，因此本软件可用于控制和调整施工流程。

可在不同的软件包管理 COBie 软件；由于应对可扩展标记语言使用数据库，因此电子数据表是适合于 COBie 的表格形式。可以从 BIM 核心建模工具输出 COBie，或通过修改其他文件与 COBie 结构相一致。通过空间、区域和范围分配的对象，应按照其位置及它们与组件、系统或设备的关联进行分类，因此它们可以在这些术语中进行过滤和分析。

公共数据环境（CDE）

所有顾问应采用最新版本的文件进行工作，因此应建立一个版本控制的公共平台，确保满足项目的统一标准。所有项目信息都可以从公共数据环境获取，这是一个高度透明的项目管理工具，这里记录了所有活动的存档，提供可审查性和强大的版本管理。

冲突检测

也被称为"避免冲突"，这一流程用于检查不同项目团队的模型及识别各种重叠部分或需要改变的对接。当虚拟模型保持正确时，发现需要修订设计或在结构上出现高代价错误的可能性大幅度减小，这是 BIM 的主要效益之一。

用户可以在软件内部进行冲突检测：把自己创建的模型与另一个顾问的模型输入同一个软件包，然后在软件内部进行冲突检测。当在不同软件包之间工作时，可利用特殊的冲突检测软件进行额外的软件冲突检测，但说明书冲突检测是规范必不可少的一部分。虽然软件可以实现半自动化流程，但仍需要一名经验丰富的从业人员检查自己的工作与其他顾问工作的对接，识别和判断各种冲突。对于 BIM 项目各个阶段要求的制定流程，冲突检测活动应设计成其中一部分。

工程数字计划

"BIM 水平 2"需要能够管理信息交付文件及其内容以及管理完成交付文件或输入信息内容的责任。按照英国皇家建筑师学会的工程计划，BIM 工具箱允许按阶段分配工作。在这一过程中，各项工作可能分配给一名顾问，利用工作编号使用的各种分类系统和 Uniclass 2015 选择将要创建的对象。该计划还包括每个部分的细节层级选择，该细节层级的默认值适用于对应的工作分配阶段（第 19 章详细说明细节层级）。该工具箱的目的是作为已分配工作的一个参考点，而不是一个项目管理工具，但该工具箱确实包括许多功能，使项目团队能够对各项工作和交付文件进行记录和评论。

参考资料

Kreider, R.G. and Messner, J.I.（2013）*The uses of BIM：Classifying and selecting BIM uses.* University Park，PA：Pennsylvania University.

第 17 章

数字模型

引言

　　模型仿真设计；每种模型类型（从物理模型到多接口信息模型）都有适用于特定目的的特殊优势。建模需要模型制作者研究一项设计的几个要点，从创意的三维的概念到该方案随着时间推移的用途。考虑到模型的其他类型有助于建立正确理解：BIM 内部信息建模正是根据自身需求进行建模的多种形式之一。本章介绍的模型类型如下：

- 物理模型
- 计算机科学模型
- 建筑信息模型
- 信息模型

物理模型

　　BIM 建模借鉴了物理建模的许多功能。其目的相同：与数字模型一样，一个物理模型可以采用不同细节层级展示不同项目阶段的发展，而且建模程序有助于开发设计、研究方案和吸引项目参与方。类似于物理模型，建筑信息模型从简化表示开始，然后开始把真实世界的信息与图形联系起来，逐步提高细节层级和复杂性，并超出物理模型可以实现的范围。材料体积、植物种类及其他详细描述项目的非图形信息，在持续开发设计过程中与图形信息相连接，直到完成设计。

　　图 17.1 中，布宜诺斯艾利斯模型清楚展示了灰色与绿色基础设施之间、垂直与水平之间的体量与关系，有助于了解方案物理模型不需要培训就能理解，但是难以修建，因为材料并不能代表最终产品，而且除了创建的物理形状和空间之外，难以收集关于设计的信息。

计算机科学模型

　　计算机科学理论是建成环境领域每个专业使用的所有数字工具的基础。计算机解读不了具体含义，但是可以通过共通的原理进行分类：更确切地说是对象类型、性质与关系的命名与定义。软件包之间就存在共通的原理，即识别对象的属性并按照相同的理解对其进行定义。人们都知道手掌是手臂的一部分，手臂是人体的一部分；更重要的是，这些都是人体部分的例子：手掌与手臂之间以及它们与人体之间都有自己的独立特性。而这些必须通过语义理解对计算机进行明确定义。语义理解不依赖有关对象和资产的信息存储位置，而依赖于其他软件程序的可用性。

图 17.1 物理建模：布宜诺斯艾利斯

建筑信息模型

BIM 作用于数字对象，整合了计算机科学模型和物理模型，形成一个建筑信息模型（有时被错误认为是"BIM 模型"，BIM 本就是模型）。这个模型可能由一个或多个文件组成，包含了资产各个方面的信息。数字对象可以通过三维格式实现可视化，由于建筑信息模型与几何图形和非几何信息相连接，因此不同于其他二维或三维模型。软件功能和文件包含的其他信息不会造成影响，这是 BIM 工具的强大所在。几何图形与信息的连接创造了影响深远的机会，对于模型开发过程更是如此；因此为了能够保持匹配，设计修改更新了所有引用视图和相关对象。

这一建模形式意味着能够同时使用描述多个不同对象的复合数据，以不同细节层级提供项目的全盘了解（图 17.2）。对于改变对象有关几何图形与信息的细节层级，BIM 在这方面的能力不同于其他建模技术，因此 BIM 有可能在已开发设计与体量模型之间移动。在这方面，BIM 与物理模型没有什么不同，可以在其他地方模拟不同复杂性的对象，然后交换到现有模型并评价是否与设计相匹配。

信息模型

PAS 1192-2：2013（BSI，2013）是使一个没有使用"BIM"这一术语的项目实现"BIM 水平 2"成熟度的主要工具；它仅指"信息

图 17.2 非常适合与复杂的多学科设计合作的建筑信息模型

模型"或"信息建模",而不特指建筑领域。一个信息模型包括文件（静态只读文件）、图形信息（直观表现的全部信息），以及包含剩余部分的非图形信息。PAS 1192-2 判断"BIM 水平 2"项目的交付文件分为本地文件、COBie 和 PDF 文件。PDF 文件是建成环境项目传统的交付文件：以剖面图、立面图和平面图的二维形式表述设计。COBie 交付文件属于信息交换文件，规定了资产和已设计对象在整个生命周期共享信息的统一机制。最后，本地文件交换使综合模型能够把各类文件共同带给检查员或申请联合检查。

在"BIM 水平 2"项目的整个生命周期，信息模型的内容与不同开发阶段保持一致，并且通过一系列名称变化反映了这一点。在设计与施工阶段，该模型的名称为 PIM，即项目信息模型。该模型从一个设计意图模型开始，说明资产将怎样满足业主的目标，但没有包括具体对象。该模型在分解之后保留了特殊的组成部分，它就变成了虚拟施工模型（VCM）。为了答复项目简介、业主信息要求（EIR）和 BIM 执行计划（BEP）的条件，施工团队详细说明把该模型引入本标准所需的信息。在竣工之后，该模型变成资产信息模型（AIM），被管理团队用于资产维护与运营。

BIM 能力的主要限制是计算机科学模型，这一模型需要在对象及其参数之间建立联系。因此，在所有 BIM 策略中应考虑计算机科学模型的机会和限制。可以在 BIM 流程内部创建智能对象，但智能对象之间的联系和支持它们的能力都由计算机科学模型决定。因此，如果创建一个树木对象，可以对该树木所在树穴产生影响，并且可以突出可能承担根系穿透风险的周围结构，这些关系将有可能由软件开发商专门创建，或由用户在软件内部选择相互关联对象时创建。

参考资料

BSI（2013）*PAS 1192–2: 2013 Specification for information management for the capital/delivery phase of assets using Building Information Modelling.* London：British Standards Institution.

第 18 章

BIM 文件

引言

正如上一章所述,"BIM 水平 2"需要的文件输出格式为 PDF、COBie 和本地文件格式。着眼于这些输出文件背后的意图,有助于了解信息共享流程。虽然满足这些要求已被证明是"BIM 水平 2"项目的一部分,但是为了确定如何实现最佳工作,所有 BIM 准备过程需要了解这些交付文件,连同既往经验与教训审查,以及项目团队的输入信息。在介绍工业基础类交换格式和 BIM 数据源提供的方案之前,本章介绍了这些输出文件并更详细地讨论 COBie。

PDF 文件

PDF 是一种通用与公开的交换格式,包含各种类型的图形内容。PDF 阅读器可以免费使用,而且文件可以被创建为只读模式。这使得它成为建成环境设计的传统图形要求的一个良好媒体,即立面图、平面图和剖面图的二维图纸。由于 PDF 文件可以标记出注释或疑问,它是代替纸质完整图纸交换的理想选择。但是从 PDF 文件复制一个表格到数据库或电子数据表会出现很大的变动,不能作为信息交换格式。

COBie

COBie 含义为施工运营建筑信息交换。它属于工业基础类的一个子集,为促进联合模型概念提供一个非专有文件格式。它设计用于列出被管理与维护的资产(从整体设施到固定装置和配件),并能够在整个资产生命周期交付信息。COBie 可以采用数据格式、数据库或电子数据表的表现形式,但无论使用哪一种形式,相应数据必须符合通用标准而且能够交换。COBie 的目的是提供一种信息交换机制——从多个来源收集信息到单个存储器几乎不需要额外的工作。它在"BIM 水平 2"项目的使用,采用 BS 1192-4: 2014(BSI, 2014)进行管理,该标准规定了英国特定的 COBie 版本,与其他版本略有差异。

COBie 的目的是对现场总体有形资产提供一个使用方便、明确无误的概述。它有助于业主的团队成员详细说明对建成资产部分的具体要求,并让项目团队能够通知业主已交付的资产。但如果 COBie 在风景园林方面存在限制,信息经理应保证采用另一种适当的形式包含风景园林信息。

COBie 结构

按照图 18.1 和图 18.2 所示的对象层次划分 COBie 的结构。针对一项设施或资产列出每个对象。首先通过区域和建筑墙体以外地区判定对象的位置，然后按照代表各个部分的空间进行详细描述。按照对象类型及对象所在系统的类型，完成进一步的对象分类。这意味着用户在检查所有对象时，可以按照特定区域和地区、同种类型的对象，以及组成特定系统的对象开展工作。COBie 数据表应可以进行审计，表格包含整个项目使用一致的编号，并且详细说明已交付信息的人员和正在交付信息的定义。

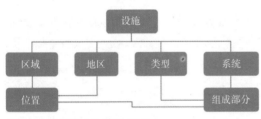

图 18.1　基础设施的 COBie 层级

图 18.2　建筑物的 COBie 层级

COBie 电子数据表颜色编码

电子数据表中的 COBie 填写区域使用颜色编码描述其内容，如图 18.3 所示。

必填区域：黄色（RGB #FFFF00）。

从列表中选择一个数值的必填区域：橙

| 必填 |
| 从列表中选择项 |
| 软件生成 |
| 业主信息要求或工程数字计划要求填写 |
| 用户自定义 |

图 18.3　COBie 电子数据表颜色编码

红色（RGB #FA8072）。

软件生成的可能填写的区域：紫色（RGB #800080）。

业主信息要求或工程数字计划（DPOW）要求填写的区域：绿色（RGB#008000）。

用户自定义区域：淡蓝色（RGB#ADD8E6）。

COBie 数据表

COBie 电子数据表包括图 18.4 列出的数据表。

工业基础类

为了使用共享信息，工业基础类（IFC）平台已扩大到建成环境领域，而且认为信息交换格式很可能成为行业标准。工业基础类是为建筑而产生并且仍在发展当中，它在地理、土木工程或风景园林领域尚未形成一个完整的解决方案（英国风景园林学会已提出一项倡议，即在下一版包括风景园林资产）。

幸运的是，这个开放文档格式规范意味着软件可以自定义创建和存储信息。此外，许多软件包允许使用代理对象，让用户能够定义自己的对象——这意味着风景园林从业人员可以创建植物及其他具体的风景园林资产。代理对象（被称为工业基础类架构内部的 IFCBuildingElementProxy）是一个工业基础类对象，例如 IFCWall、IFCSlab 或 IFCFurniture，

表格名称	用途	要求
说明书	告知用户电子数据表使用的 COBie 版本，并且可能包括使用指南	
合同	设施生命周期涉及的个人或机构的详细资料	补充
设施	独特的资产，通常指一个场地	
地区	指定的空间划分媒介	
区域	共享特定属性的指定空间类，例如行动、访问、管理或修整	
空间	使用、检查或维护活动的位置：构成地区的一部分	
类型	与组件相关的规范信息，包括设备、产品和材料	
系统	具有共同功能的一类组件	
组件	具体的可调度项，其特点是需要管理	
工作	使用资产期间出现的特殊活动	
资源	完成工作所需的材料或技能	
备件	不同类型的可更换零件	
组装	一起工作的类型和组件的组合	补充
属性	资产的特性	补充
连接	两个组件之间的连接	补充
影响	在经济与环境方面的可持续性影响	补充
文件	与资产有关的文件	补充
坐标系	空间坐标系统、地理信息系统或其他坐标系统	补充
问题	包括所有与资产有关的风险或缺点	补充
补充信息	关于资产的更多信息	补充
参数选用表	如果某个区域规定了参数选用表，可用选项均已在表内列出	补充

图 18.4　COBie 为存储项目信息提供了一个高度可审计的方法

但没有具体的对象名称进行分类。如图 18.5 所示的户外座椅是一个例子。为了增加椅子的描述信息，该工业基础类已采用对象的代理元素进行修改，尽管是没有椅子属性的专用字段。

当作为一个 IFCBuildingElementProxy 对象输入 BIM 核心建模软件时，通过使用工业基础类自定义资产设置的性能，还可以包括户外座椅分类的产品数据

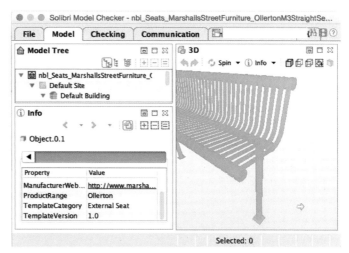

图 18.5　工业基础类能够通过部分自定义描述建成环境的各个方面

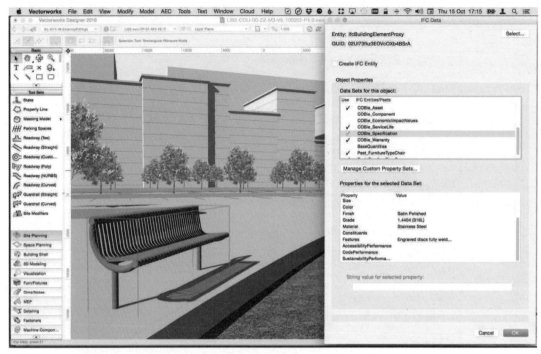

图 18.6 大数据模型提供与其他三维模型相同水平的视觉细节

模板（PDT）信息（图 18.6）。产品数据模板在文件内容中增加了兼容性和可传递性程度，以便接收这些文件的人员了解这是按照现行的风景园林信息行业标准创建的信息。这证明了工业基础类架构的灵活性，因为它允许采用几何图形和数据对真实的对象进行定义，以及在软件平台之间进行交换。由于工业基础类代理采用与其他目标类型相同的底层结构，因此用户拥有相同的几何图形编辑能力。此外，可以创建所有资产设置或自定义设置，连接到 IFC 代理对象，在接收软件中导出、导入、分析和进一步编辑。

信息质量

BIM 项目信息交换的主要考虑事项是文件的预定用途。有些数据的用途可能超过其他数据。"BIM 水平 2"的目的是为业主提供价值和减少浪费，同时在图形精确度、信息与性能之间寻找一个平衡点。一个模型提供过多信息或执行不必要的工作，意味着业主能够从项目获得相同的价值，但是也带来更多的浪费。还可能对项目团队造成过大负担，例如过高精确度的图形可能导致模型难以渲染。

对于 BIM 执行计划的项目，按照文件管理策略的规定，信息应在共享之前进行明确描述。适用编号详细说明了可信赖文件的范围，而 BIM 执行计划注明了软件应用于公开每个文件。重要的是消除信息交换所有形式的不明确性，而信息接收方或预定用户应为使用他们收到的信息做好准备。

软件版本

为了避免将来出现兼容性问题，最好在

项目启动阶段商定软件版本。如有可能，建议采用所有项目团队成员可以使用文件格式的最新版本进行工作。为了保证在项目启动之前完成兼容性设计，在文件格式的功能及其适用性之间取得平衡，软件交换协议应作为项目工作方法的一部分。在兼容性不确定的情况下，可能需要使用不同的方法确保文件数据正确共享。

可下载的 BIM 文件

从早期的互联网开始，可免费下载内容已成为所有数字行业的一个特色，而这些文件的内容将会持续更新。如果能够验证制造商、供应商和 BIM 专用对象数据库提供数据的来源和质量，设计团队可以创建一个公共对象与系统的数据库，从而节省设计师的工作时间。然而，可下载的 BIM 文件通常带有特定产品的详细资料，应按照工程数字计划和 BIM 执行计划的规定，对相关资料的设计和所需细节层级进行核对。应注意相关对象符合产品数据模板标准，确保可以轻松、有效地比较类似对象的参数。"BIM 水平 2"为制造商与供应商提供了一个与设计和施工部门建立更密切联系的机会，而产品数据模板为供应产品信息提供了一个共同的平台，即形成一个更广泛流程的相互配合，使供应链的各方能够进一步接触 BIM。

参考资料

BSI（2014）*BS 1192–4：2014 Collaborative production of information Part 4：Fulfilling employers' information exchange requirements using COBie. Code of practice.* London：British Standards Institution.

第 19 章

LoD

引言

LoD 的含义可以是细节层级、定义层级或开发层级，根据上下文内容而定。LoD 确定了设计如何发展，或如何良好定义建成资产的对象和空间。LoD 的重点是时间；随着项目的不断进展，开发部分出现变化，设计与对象出现改进。简单地说，LoD 最初表示对象的存在；然后，该对象具有大致的尺寸，并且必须以某种方式执行，直到最后详细说明需要设计与交付的特定对象。

开发层级

设计区域和对象会随着时间推移而扩大。一个区域从了解总体任务书开始，例如，总体任务书可能注明需要一个停车场。项目竣工还在遥远的未来，现在只知道包括一个停车场，这是最低的开发层级。随着项目不断进展，将会知道停车位的数量，并开始设计停车场的对象，直到完成路缘、植树及其他已解决的细节，最后交付项目。

在英国的"BIM 水平 2"，LoD 是指开发层级，表示一个对象或空间的总体细节。开发层级包括用于描述交付成果的两个要素：

细节层级（也简写为 LoD），表示图形的详细数据；信息层级（LoI），表示信息详细数据。用于项目的开发层级详细规定风景园林对象的信息要求，以便项目团队只交付所需的信息。开发层级是针对每个项目阶段的设定对象，以便项目团队明确了解信息交付件的要求。

模型的开发层级是指模型信息的可信程度。例如，一个高度定义的模型可能描述了预定座椅将要使用的螺钉。如果细节层级注明可以信赖该模型在大体位置需要设置一张长椅的说明，则不需要更多信息，螺钉可以当成过度定义直接忽视，把这些情况视为设计发展过程中的变化。开发层级作为 BIM 工具箱软件的一个分类系统，与 Uniclass 2015 同时使用，开发层级描述了建成环境项目每一个可能出现的交付件。在每个阶段，可以对某个对象制定大量的决策，随后需要在该对象的附带信息和外观质量方面制定更多的决策。但值得注意的是，在大型项目中，可能存在管理交付件的其他流程，而且可能不需要使用 BIM 工具箱规定的开发层级。

责任

在 BIM 工具箱内，最初仅由负责信息交付件的团队成员来定义某个对象。如果设计的某些方面需要多个项目团队成员输入的信息，则这些顾问及其专项责任人员也应被包括进来——例如，风景园林师可能认为自己在此情况下负责铺装区域的工程要求（风景园林师应保证在发布交付件之前，完成铺装区域的工程工作，并整合到一个交付件）。按照项目合同分配主要的工程责任，风景园林师不应承担或认为自己应负责自身能力以外的其他项目工作。如果风景园林师是设计团队总负责人，应在 BIM 工具箱和合同内明确规定总顾问或一般顾问的职责。

BIM 工具箱中的定义层级

在 BIM 工具箱中，需要详细说明工作的定义层级以及完成工作的人员和完成时间。上文列出的 5 个细节层级（图 19.1）和 5 个信息层级（图 19.2），可以在项目的任何阶段设置为任意级别。随着设计过程的

细节层级	说明性的图形细节	目的
1	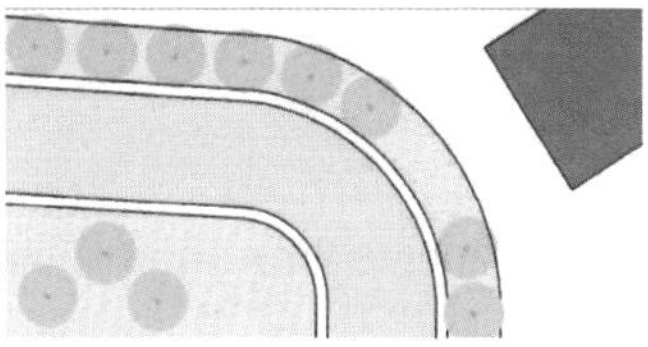	在可研阶段提供可视化表现，帮助客户了解项目目标和限制条件
2		在概念阶段提供一个可视化表现，指明设计的主要原则及如何满足客户任务书要求
3	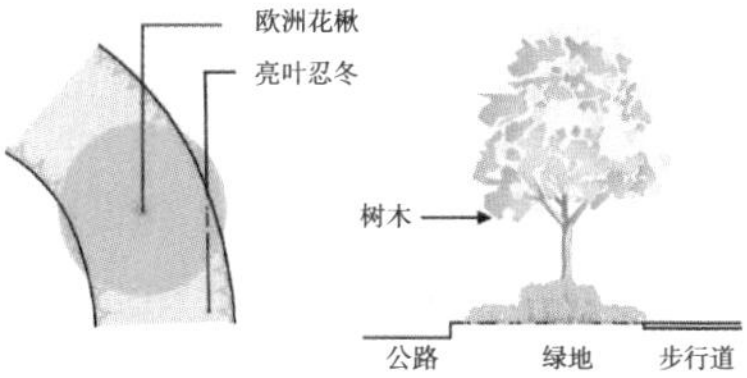 欧洲花楸 亮叶忍冬 树木 公路　绿地　步行道	对扩初提供一个可视化表现，可用于说明一般安排和各个对象之间的关系。全面支持空间协调
4	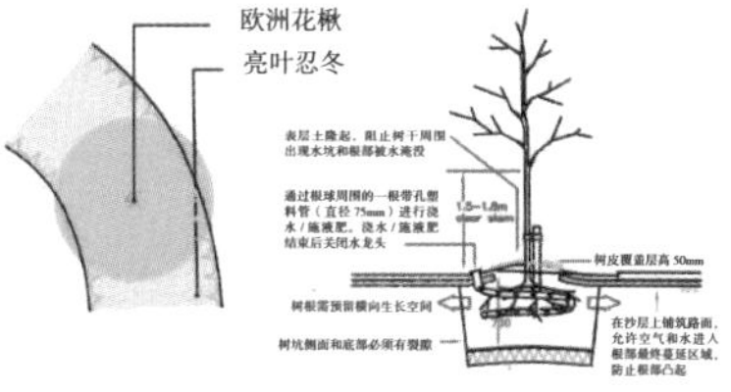 欧洲花楸 亮叶忍冬	对细部设计、充分规划采购进程、项目规划和施工提供一个可视化表现
5	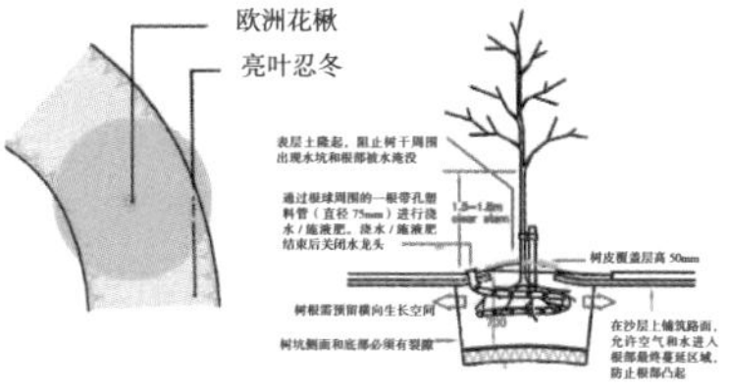 欧洲花楸 亮叶忍冬	对协调、施工与安装提供一个可视化表现。应通过更新信息反映最终设计及支持资产的经营管理

图 19.1　细节层级

细节层级	说明性的图形细节	信息层级
2	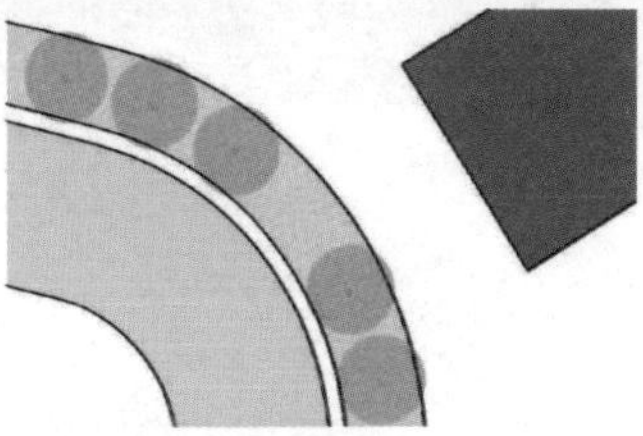	在概念阶段提供设计意图和所需信息层级的概要描述
3	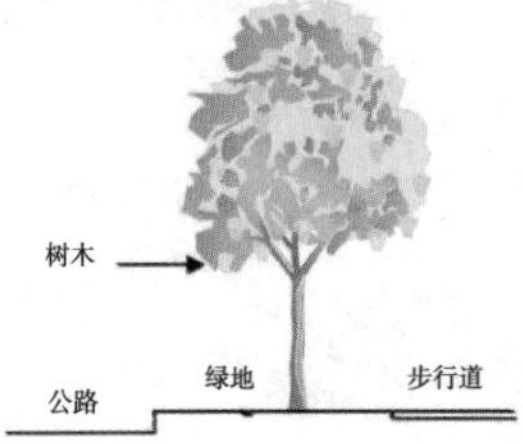	提供对象相关的性能信息,可用于评价用途、功能和维护
4	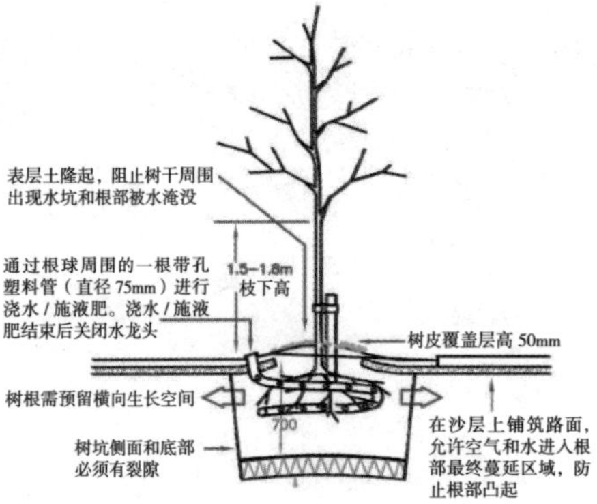	在组装儿童产品方面提供充分的细部设计信息,以便考虑合适的制造商。信息应包括竣工和执行,例如准备工作和施工要求
5	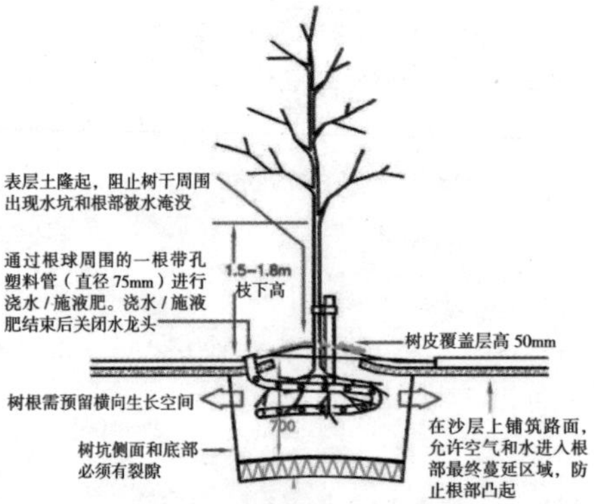	为了方便采购,在施工阶段提供组装儿童产品方面的充分信息,包括制造商详细资料、产品参照标准和各种具体选项
6	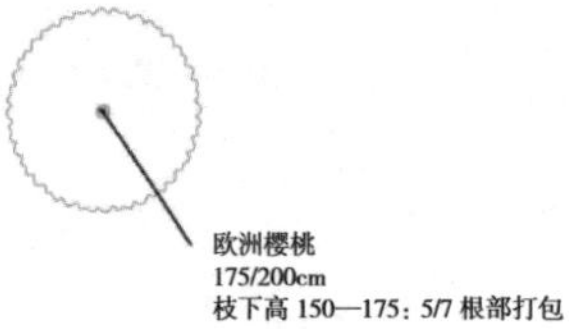	为了经营和管理,提供关于已安装交付成果的信息,包括相关的 PDF 手册。重要属性将被传输到资产数据库

图 19.2 信息层级

发展，对象定义从第 1 阶段至第 7 阶段也在不断发展；这些阶段基本上与英国皇家建筑师学会工程计划的项目阶段相对应，项目生命周期从战略定义开始，以交付和竣工结束。对象的定义层级与传统规定的阶段密切相关。通常情况下，对象被定义为具有与阶段编号相同的定义层级和信息层级，除非业主或法定主管当局要求与众不同的材料使用或对象选择。

定义层级的数值取决于改变独立对象信息要求的潜力。这意味着项目团队了解在特定阶段应如何良好地定义对象，而业主能够根据自身要求详细规定特定项目阶段需要的信息。

第 20 章

互操作性

引言

　　互操作性是指在不同软件包之间共享信息，具有执行额外计算的潜力。这是一个按照最高效率、迅速、用户不可见的自动化流程。例如，在一个文字处理器中打开一个文本文件，然后发现其内容与创建者的原创内容完全一样，这与创建文件的软件无关。风景园林设计、建造与维护是一个基于团队的流程，而正因如此，为了整个项目顺利进行，每个队员应能够随时使用有助于决策的信息。在有效互操作性创建的项目环境中，BIM 可以实现最大效益、项目团队与业主之间实现动态、轻松的共享信息，因此，可以在该流程最早阶段评价关于项目设计、项目发展及项目结果的重要见解。BIM 目前需要一系列文件格式共同工作，而不仅是意识中的设计，因此，信息共享与交换是 BIM 的关键，互操作性必不可少。

句法和语义交换

　　信息交换可以在两个层面进行：句法和语义。句法互操作性是指一个软件包可以使用与另一个软件包相同的文件格式，而且它

们可以读取彼此的文件。如果一个程序包使用可扩展标记语言创建 COBie，而另一个程序包可以读取可扩展标记语言，这就是句法互操作性。这里的句法是指信息的排列和结构，因此可以读取文件格式和理解其内容，但是不能编辑。

　　语义互操作性能够共享文件内容的含义。以前文为例，例如在 COBie 文件传输之后，语义互操作性能够接收软件并了解联系表涉及的个人或机构资料，然后把这些资料纳入自己的联系列表。了解语义与句法互操作性之间的差异，使规划和实施 BIM 技术的人员能够测量信息交换是否成功。当不经判断即可收集信息时，句法互操作性满足要求。然而，如果需要更复杂的操作（例如计算成本降低和可持续性），信息交换将需要一定程度的语义互操作性。

信息交换机制

　　软件包之间可以通过直接集成或文件交换实现信息共享。通过应用编程接口（API）实现直接集成，应用编程接口能够让两个软件包进行实时通信。因此，如果一个三维建模软件包拥有通过应用程序接

口加载微气候分析工具的能力，现在它可以执行一项新的分析功能，而且这一功能与可以使用三维模型进行工作的分析软件相同。也可能已经设定了这些集成功能，只需要安装一个插件。

文件交换是信息交换的传统方法。文件可以保存为两种类型：本地格式或交换格式。对于软件包创建启动该软件核心功能，用于设计或分析在软件内部以正确方式结构化的信息，本地文件包含了软件包所需的全部信息。没有两个类型相同本地文件，在创建本地文件的软件当中，它们都是唯一的。交换格式文件类型使设计用于信息共享。因此，交换格式文件不能启动保存在该格式下的每个软件包的所有功能，交换的内容只是在不同软件包通用的内容。

互操作策略

互操作策略使信息能够在不同软件包和不同文件格式之间实现共享。为了实现有效的信息交换，必须遵守共同的步骤（与软件或格式无关），而这些步骤应记录为项目工作流程管理的一部分。互操作策略应从意图声明开始，即用简明语言描述信息交换需求、确定涉及的软件和将要通过这些软件交换的信息。此后的各个阶段如下：

- 计划

- 准备
- 行动
- 学习经验

这是一个循环过程，可能需要多次重复，直到了解软件的能力和完成所需的输出。

计划

首先评价如何进行信息交换及其预期效益。可以通过一个简单的风险矩阵（图 20.1）说明这一点。信息交换有多复杂？例如，以最小的错误频繁完成公共交换可以说是低复杂性。其次，成功的价值是什么？例如，低价值的成功交换可能是指一个图像在交换之后需要轻微的彩色校正，而高价值的成功交换可能需要向承包商传递精确的组件尺寸，以便确保正确的建筑流程。

信息交换计划应详细说明必须遵守的流程，建议采取下列步骤。

交换内容与效用

意图声明将确定交换的内容；意图声明的目的是确定交换方法。

句法或语义

将在句法上（只加载）或语义上（还包括理解）交换信息？如果信息只需要记录用途，句法交换即可满足要求；如果需要进一

发布软件	接收软件	交换的复杂性	交换的价值	交换的可行性
软件 A	软件 B	低	高	高
软件 C	软件 A	中	中	中
软件 B	软件 A	高	低	低

图 20.1　信息交换规划矩阵

步计算，需要采用语义交换。

联合或集成

如果必须保留源文件的所有权和完整性，必须保证在加载时不可编辑，则需要采用联合方法。如果需要编辑信息，则需要采用集成方法。联合方法保证责任仍属于文件创建者；反之，集成方法和随后的内容变化可能需要记录管理责任。

方向

信息是否只能单向传递，能否处理和返回？随后是否需要进一步处理？不需要进一步处理的单向信息交换应花费较短时间；需要在两端处理的双向交换将需要花费更多时间。进一步处理的需求应尽可能降至最低；例如，通过安装软件更新、为了升级软件功能而规划软件的应用程序接口。

交换机制

文件是否用于共享信息，或将直接参与相互作用？应根据软件特定的知识资源和团队可用的经验，考虑每个方法的效益。

准备

为了进行交换，正确的工具应该到位。直接集成需要每个软件包的适当版本，而且可能还需要文件交换的集成插件。具体的准备要求可能包括移除或简化不支持的信息，例如，一个软件包可能会创建一个独特的地形表面，这可能需要转换成与接收软件相兼容的表面或体积。

单位

现实世界的空间位置对于外部设计师具有重大意义。使用相同计量单位的计划，在信息交换期间基本上不会出现问题，但是英制单位和公制单位之间，或毫米与米之间的转换，将需要更多的步骤，例如缩放比例和重新定向。

空间布置

有效协调需要三个添加元素：坐标系统、项目基点，以及相对正北的位置。坐标系统可以划分为任意坐标系或地理坐标系；为了风景园林环境中的资产可以有效工作，建议在所有情况下采用更复杂的地理坐标系（GCS）。在保证设计的空间布置的情况下，结果是模型适合其用途并能够与项目团队其他成员迅速交换。这反过来意味着顾问之间更有效的合作。

行动

应通过一系列试验比较交换输出结果与预期结果，不断增加复杂性，直到使用一个完整的模型。应继续进行试验，直到确定在高度成功的优先信息交换中，可以正常进行交换。如果成功的优先级较低，可以使用更简单的试验，或可以尝试进行第一次信息交换。

学习经验

应按照两个标准评价信息交换的结果：相关完整性和完全性。相关完整性是指在交换之后，空间信息仍然描述相同的空间点，而非图形信息仍然描述相同的对象。高度完整的交换是指按照预期方式传输全部信息。完全传输并保持其相关完整性的信息交换可以认为是一次成功交换。不完整的交换应视为学习过程的一部分，成功的技术应继续应用于实践过程。

交换格式

许多文件格式可用于信息交换。

工业基础类

IFC4 是 buildingSMART 国际组织在全世界的建成环境从业人员的支持下，针对三维模型信息交换制定的一个开放标准。作为一项临时措施，风景园林对象可以存储在代理对象的格式中（见第 18 章）。这类信息应符合与对象类型有关的适当产品数据模板，如果没有产品数据模板，应符合适当的标准化分类系统。

可扩展标记语言

可扩展标记语言（XML）与网站制作使用的超级文本标记语言（HTML）有许多共同之处。该语言具有高度适应性，并且根据其格式建立了许多子集。它可以包含许多数据结构和信息集，因此尤其适用于信息交换用途。

地理标记语言

地理标记语言（GML）以可扩展标记语言架构为基础，是开放地理空间信息联盟制定的一个地理信息交换机制。该语言存储有关地理坐标系（GCS）的信息、时间、特色及其他几何图形。作为一种通用格式，希望修改该语言用户需要进行一些额外工作，增加自己的特征。

城市地理标记语言

城市地理标记语言（CityGML）是以地理标记语言为基础，用于描述城市的一种信息交换格式。它可以存储有关土地利用、建筑物、桥梁、街道附属设施、植物、地形、隧道、水域和交通基础设施的信息。

LandXML

LandXML 是设计用于土木工程和地质测量信息交换。LandXML 可以共享曲面、点对象、公路、池塘和管道工程，并可用于交通基础设施、地形和材料信息、水文与测量数据。

COBie

COBie 是英国对可维护资产有关的非图形信息指定的交换机制。COBie 可以存储为可扩展标记语言格式以及从语义上集成到软件包，实现更大的信息可用性。在不支持工业基础类的软件中，COBie 可以在句法上共享为一个电子数据表；为了启动自动处理与语义处理，可能需要更多的步骤。

BCF

公开的 BIM 合作格式是 buildingSMART 国际组织的另一个标准。BCF 包含一个可扩展标记语言和一个表述性状态转移（REST）网络服务，这意味着很多程序可以轻松查询到该格式并接收有关模型的语义信息。

.dxf

这个开放式 CAD 文件格式能够交换向量几何及文本，但是不能再更新。

Shapefile（.shp）

这是一个开放标准地理信息系统格式，参照地理坐标系存储几何图形及相关信息。许多不同的软件供应商已经采用这一开放格式。

第 21 章

前景

"BIM 水平 3" 策略

BIM 在本质上具有前瞻性。前文的 BIM 核心成熟度模型定义了朝着 BIM 第三阶段发展的目标。虽然最初只是一个远大的设想，但是这个目标已经收录进政府的"英国数字化建造"BIM 水平 3"战略计划"（商业、创新与技能部，2015），这一计划正在提出政府进一步投资 BIM 发展议案。作为英国《政府建造战略》的一部分，"BIM 水平 3"前景明显已经与政府的其他建造战略、商业与专业服务、智慧城市及信息经济联系在一起。这将带来建成环境领域与国家其他经济领域的密切合作，并且带来更多的创新与增长。"水平 3"战略的目标如下：

- 面向开放数据标准发展，促进整个市场的数据共享；
- 对加强 BIM 的项目制定一个新的合同框架；
- 创建一个合作、持续学习与共享的文化环境；
- 培训公共部门的客户，了解与执行 BIM；
- 带动英国技术与建成环境领域的增长。

英国 BIM 的技术知识，被认为是通过带动持续创新和开发新技术以及发展"BIM 水平 2"模型，从而实现这些成果的主要机制。通过跨行业及国际广泛使用、注重研究的方法支持这一领域发展，并通过科研基金资助支持这些创新。"英国数字化建造"也将使用来自欧洲、远东及大洋洲的国际援助与投资。然而，"英国数字化建造"的前景仍未明朗。随着 BIM 实施的发展，该行业将需要观察成功案例并吸取经验教训，以便引导可以实现"英国数字化建造"可能性的项目环境。

"水平 3" 模型

按照设想，"水平 3"的单独环境需要包含定义一个模型的全部信息。新软件与新技术正在持续发展，但在形成实体之前，完全集成的单模型还有一段路要走。BIM 作为整个开发项目的公共平台，通过 Bew-Richards BIM 成熟度楔形图（见第 2 章）推动了英国建成环境领域的创造力。"水平 3"成熟度的最初定义是："通过'网络服务'启动并适应新兴工业基础类标准的一个完全集成与协作的流程。BIM 的这一阶段需要使用四维施工程序、五维成本信息和六维项目生命周期管理信息"（BIM Task Group，2011）。

这个初期定义导致在实际 BIM 实施中出

现混淆。该定义的核心原则是："通过'网络服务'启动并适应新兴工业基础类标准的一个完全集成与协作的流程。"这不仅取决于可以执行几何图形和信息综合的软件，而且还取决于信息如何传递到其他软件包（即互操作性）。BIM 的强大技术有时候与精益建造目标产生矛盾。创建更丰富的信息将意味着提高成本和投入更多时间，当成本超出客户的心理价位时，这就不再是精益建造，而是一种浪费。

国际化

"BIM 水平 2"及其相关标准和规范，对建成环境项目实施 BIM 提供了一个独特的方法。这些标准的下一个阶段就是变成国际化。挪威、澳大利亚、新加坡及其他国家一直在努力完成自己实施的 BIM，并且也在期待创建一个 BIM 国际标准。在写作本书时，他们的工作正在发展中；但是在制定 BIM 国际标准方面，英国标准成为国际标准的可能性更大，ISO 19650 系列标准已调整到包括 PAS 1192–2 和 BS 1192：2007 的要求。这显示了英国从事 BIM 流程的执业团队的巨大优势，并且与刚开始"BIM 水平 2"历程的人员相比，具有更大的竞争力。

智慧城市

城市需要更有效地响应居民要求，如今面临着前所未有的紧张形势。"智慧城市"希望通过智能技术（通常被称为"物联网"）提高城市环境的经营和管理。在线连接监控资源利用的设备，把信息反馈到这些资产的管理人员，然后针对迅速改变的情况，制定更好、更快的决策。提高技术资源与自然资源管理（从交通到供水）的驱动力，与 BIM 的精益精神和精益方法有着明显的关联。在未来几年里，英国政府将继续研究在公众领域扩大使用智能技术的方法，以便创造一个更能满足公众需求的环境。

风景园林潜力

风景园林学对建成环境项目的规划、设计与开发提供了一个整体处理办法。风景园林行业拥有重大的机遇：在这些新兴形势下，利用 BIM 流程和技术，开发风景园林主导的新型自然资源与社会资源。参与 BIM 意味着更多项目的受益不仅来源于风景园林从业人员的专业知识，而且还有生态学家、园艺学家，以及能够从一开始减少浪费和增加项目价值的非建筑行业工程师的专业知识。

建筑领域的条块分割心态围墙开始崩溃，而且在共同努力下，BIM 新工具和新方法的开发和实施有望提供更具成本效益的项目、按时交付、不超支。没有付出就没有收获，希望在 BIM 环境下运作的每个从业人员都采取合作方式进行工作，寻求避免责备的方法，并对项目团队的工作承担集体责任。只有团结、合作的部门才有希望克服过去的问题。正在适应知识共享、完全使用信息、无藏私工作环境的从业人员，更容易接受这种看法，这些从业人员将会带来 BIM 的希望。

参考资料

BIM Task Group（2011）*A report for the Government Construction Client Group Building Information Modelling（BIM）Working Party：Strategy paper.* London：Department of Business，Innovation and Skills.

Department of Business，Innovation and Skills（2015）*Digital Built Britain：Level 3 Building Information Modelling–Strategic plan.* London：Department of Business，Innovation and Skills.

附录

产品数据模板示例

模板类型	Flora			
模板版本	v.60			
类型描述	景观内部栽种的植物品种			
分类系统				
分类	数值			
适用性				
模板管理员				
信息类型	参数名称	数值	单位	注释
制造商资料				
规范	制造商		Text	
规范	制造商网站		URL	
规范	产品范围		Text	
规范	产品模型号码（编号）		Text	
规范	CE 认证		Text	是、否，或评审程序指定机构的四位标识号码
规范	产品资料网页		URL	
规范	产品特性		Text	
命名资料				
规范	产品代号		Text	
规范	植物名称		Text	
规范	备选植物名称		Text	
规范	通用名称		Text	
规范	属 / 科 / 类		List	
规范	子属 / 科 / 类		List	

	苗木资料（摘自 BS 3639 和美国国家公园管理处）			
规范	高度		cm	数值范围或最小值
规范	范围		cm	数值范围或最小值
规范	胸径		cm	数值范围或最小值
规范	枝下高		cm	数值范围或最小值
规范	枝 / 芽数量		Nr	
规范	指定形式		List	
规范	树龄与健康状况		List	
规范	根部条件与保护		List	
规范	单元 / 容器尺寸		List	
规范	种植基质		List	
规范	肥料		Text	
规范	起源和原产地			
	种植要求			
规范	方向 / 阴影		List	
规范	酸 / 碱		Text	
规范	湿度		List	
规范	英国气候耐性		List	
规范	土壤类型		List	
	种植选择资料			
规范	最大高度		cm	
规范	最大范围		cm	
规范	生长至最大高度的年份		年	
规范	习性 / 外形		List	自然形态或维持形态
规范	叶子纹理		List	
规范	叶子颜色		List	
规范	秋季叶子颜色		List	
规范	叶子存留		List	
规范	叶子形状		List	
规范	开花类型		List	
规范	开花颜色		List	
规范	开花季节		List	

规范	冬季颜色		List	是 / 否？
规范	特色		List	
规范	重要季节		List	
规范	可食用性 / 收割		List	是 / 否？
规范	适用性 / 用途		List	是否填写本表？
规范	气味		List	
性能数据				
规范	生长速度		List	
规范	有效寿命		年	
规范	美国农业部规定的最大区域		List	
规范	美国农业部规定的最小区域		List	
规范	容许偏差		List	
规范	毒性 / 荆棘 / 尖刺等		Text	
规范	生物多样性		List	
规范	气候		List	
规范	地域		List	
可持续性				
BREEAM 认证可持续材料	隐含碳		kgCO2	
BREEAM 认证可持续材料	生命周期分析		数量	BREEAM
BREEAM 认证可持续材料	制造商所在地		参考格网	北部、东部
BREEAM 认证可持续材料	规范绿色指南		Text	A–E
BREEAM 认证可持续材料	环境产品声明		Text	第三方检验
BREEAM 认证可持续材料	材料可靠来源		Text	支持机构
ETL 认证可持续材料	能源技术表的统一资源定位符		URL	产品 ETL 认证网页超链接
LEED v.4 认证可持续材料	材料可靠提取		Text	待定
LEED v.4 认证可持续材料	材料成分报告		Text	待定
运行维护				
设施 / 资产管理	运行与维护手册统一资源定位符		Text	制造商运行与维护资料的超链接
设施 / 资产管理	每日		Text	维护工作或 SFG 2012 规范
设施 / 资产管理	每周		Text	维护工作或 SFG 2012 规范
设施 / 资产管理	每月		Text	维护工作或 SFG 2012 规范

设施 / 资产管理	每 6 个月		Text	维护工作或 SFG 2012 规范
设施 / 资产管理	每年		Text	维护工作或 SFG 2012 规范
设施 / 资产管理	预定时间段		Text	维护工作或 SFG 2012 规范
设施 / 资产管理	需要维护：0–300 小时		Text	这一时间段需要的维护工作
设施 / 资产管理	需要维护：301–600 小时		Text	这一时间段需要的维护工作
设施 / 资产管理	需要维护：601–1000 小时		Text	这一时间段需要的维护工作
设施 / 资产管理	需要维护：1001–2000 小时		Text	这一时间段需要的维护工作
设施 / 资产管理	需要维护：2001–4000 小时		Text	这一时间段需要的维护工作
设施 / 资产管理	需要维护：4001–8000 小时		Text	这一时间段需要的维护工作
设施 / 资产管理	需要维护：8001–12000 小时		Text	这一时间段需要的维护工作
设施 / 资产管理	预期寿命		年	
设施 / 资产管理	保修证书		Text	

术语表

AIM/ 资产信息模型（Asset Information Model）：描述建成资产的信息模型。

AIP/ 资产信息计划（Asset Information Plan）：根据资产信息要求，将项目信息模型集成到资产信息模型的计划。

AIR/ 资产信息要求（Asset Information Requirement）：根据组织信息要求制定资产信息要求，然后反馈至业主信息要求。根据资产使用和管理人员的操作要求，资产信息要求规定了从项目信息模型向资产信息模型交付信息的要求。

资产（Asset）：一个建设项目的最终结果，可能包括景观内容。

BEP/BIM 执行计划（BIM Execution Plan）：项目团队制定和使用的一个计划，规定了项目团队将如何对一个项目执行 BIM 的技术和流程。BIM 执行计划规定了全面彻底应对业主信息要求的措施。

BIM 建模员（BIM Author）：也称为"信息创建者"，负责创建信息模型和制定项目交付件。

BIM 倡导人（BIM Champion）：在一个组织内带头实施 BIM 的负责人。倡导人可以组织任命或自发行动。

BIM 协调人（BIM Coordinator）：是一个行业术语，指执行 BIM 操作的职务，负责管理组织或特定项目的信息管理政策。目前对 BIM 协调人职务没有统一的定义，不同职务的具体责任可能不同。

BIM 实施计划（BIM Implementation Plan）：用于发展和审查 BIM 实施进程的一个组织计划。

BIM 经理（BIM Manager）：是一个行业术语，指执行 BIM 管理的职务，负责管理 BIM 标准并在具体项目中执行这些标准。目前对 BIM 经理职务没有统一的定义，不同职务在不同组织的具体责任可能不同，因此 BIM 经理可能不必具体承担操作责任。

BIM 协议（BIM Protocol）：建造业议会 BIM 协议用于"BIM 水平 2"项目，引导客户在项目团队的合同文件中置入 BIM 的合约性要求。

BIM 工具箱（BIM Toolkit）：BIM 工具箱是一种 BIM 项目管理工具，用于管理交付件、协调责任，以及在"BIM 水平 2"项目中满足数字工程计划的要求。

建成环境领域（Built Environment sector）：描述需要执行"BIM 水平 2"的领域。截至 2016 年，英国所有集中采购的开发项目强制实施"BIM 水平 2"，因此该领域包括公用设施、建筑和交通基础设施。

CDE/ 公共数据环境（Common Data Environment）："BIM 水平 2"项目的信息单一来源。公共数据环境的功能是在项目期间存储和共享项目团队成员之间的信息。

冲突检测（Clash detection）：也被称为"冲突规避"。冲突检测这一流程用于收集不同行业的模型，评价不同设计之间是否存在冲突，以便在施工之间解决冲突。

COBie/ 施工运营建筑信息交换（Construction Operations Building information exchange）：存储信息，然后在项目团队之间共享信息，及在项目竣工后转变为资产信息模型的一种工具。COBie 可以采用可扩展标记语言（XML）格式表示或作为一个电子数据表。

信息交付（Data drop）：也被称为"信息交换"，通常是在项目期间每个阶段结束时正式发布的项目交付文件。具体的信息交付要求由项目的业主信息要求做具体规定。

DPoW/ 工程数字计划（Digital Plan of Works）：用于定义项目交付件、竣工责任，以及每个阶段所需的详细程度和信息要求水平的一个项目与信息管理工具。

动态对象（Dynamic object）：一个带有参数的数字对象，可能根据模型其他部分的变化进行更新。可根据模型其他相关部分的变化而改变自身形状或修改自身规格的对象，通常也被称为"智能对象"。

EIR/ 业主信息要求（Employer's Information Requirements）：业主信息要求专门规定在项目中如何实施 BIM。它用来规定业主技术与流程管理的要求。这种规定基于业主的组织信息要求，覆盖项目流程的多个迭代过程。

企业资源规划器（Enterprise resource planner）：用于企业商务管理的一种或一系列软件工具。不同工具的功能性有所不同，但一般包括资源规划、时间监控、商业智能、客户关系管理（CRM）和记账管理。

外部工程（External works）：建筑表皮以外的所有工程，包括基础设施、市政设备和景观工程。

联合模型（Federated model）：通过组合多个独立模型而综合形成的一个模型，一般从不同软件输出而来。一般不可编辑，用于设计审查和冲突检测等用途。

GSL/ 政府软交付（Government Soft Landings）：用于保证建成资产与资产用户和管理者的要求相符的流程，例如保证配套景观。政府软交付引入了一个延展交付期限，并在设计阶段就让管理者和用户能够参与。

IFC/ 工业基础类（Industry Foundation Classes）：一个为了建成环境项目的信息交换而开发的非专有数据格式。

IFD/ 国际字典框架（International Framework for Dictionaries）：建成环境项目的术语使用标准。可用于定义一个信息模型的许可使用范围和 BIM 项目采用的流程。

风景园林（Landscape）：以风景园林为基底的设计项目中可能汇集的所有工程内容，包括建成的对象，以及基础设施的某些方面。

精益建造（Lean Construction）：源于精益生产流程，在建成环境设计项目中致力于减少浪费和提高价值的一种系统。浪费是指没有必要的时间、材料和劳动消耗；价值是指业主所需的内容。

LoD/ 定义层级（也称为开发层级）（Level of Definition–also Level of Development）：定义层级或开发层级描述了一个整体模型的详细程度，包括该模型的图形和信息内容。

LoD/ 细节层级（Level of Detail）：信息模型中对象的图形细节详细程度。

总体细节层级指一个模型的开发层级。这意味着在一个指定项目阶段，交付的模型应适用于该阶段；例如，总体细节层级要求在概念设计阶段，所提供的模型能够与概念内容相符。组件细节层级指具体组件的图形细节及组件所需信息的详细程度。

LoI/ 信息层级（Level of Information）：信息模型中对象的非图细节详细程度。

独立 BIM（Lonely BIM）：也被称为"BIM 水平 1"，即实施 BIM 流程和技术，但没有共享模型，也没有依托项目团队开展"BIM 水平 2"的流程。

MIDP/ 总体信息交付计划（Master Information Delivery Plan）：汇集工作信息交付计划的项目计划，用于定义内容、责任、协议和程序。

MPDT/ 模型创建与交付表（Model Production and Delivery Table）：规定了模型在每个项目阶段的总体细节层级。

对象（Object）：使用软件设计的要素和系统的虚拟图像。

OIR/ 组织信息要求（Organisational Information Requirements）：组织信息要求定义了具体的资产信息要求，并描述了组织作为一个整体为了经营其资产所需要的信息。

PDM/ 项目交付经理（Project Delivery Manager）：项目交付经理是指全面负责一个项目 BIM 实施的项目经理。

PDS/ 产品数据表（Product Data Sheet）与 PDT/ 产品数据模板（Product Data Template）：一个标准化电子数据表模板，用于输入制造商或供应商的规范、各种建筑产品相关的可持续性信息，以便促进信息交换，特别是施工运营建筑信息交换。填写之后的产品数据模板被认为是产品数据表（PDS）。

PIM/ 项目信息模型（Project Information Model）：在设计与工程建设之间对资产进行描述的信息模型。可能创建成一系列图纸、模型和文件。在交付用于施工之后，该信息模型的名称被改成虚拟施工模型。

PIP/ 项目实施计划（Project Implementation Plan）：一个项目团队或工作小组的声明，详细说明了团队的 BIM、信息技术与人力资源可用性，以及实施一个具体项目的能力。

PLQs/ 简明语言问题（Plain language questions）：用作各种信息要求和政府软交付战略制定基础的一系列问题。这些问题在每个项目阶段都要重新提问、回答和做必要的推敲。

责任矩阵（Responsibilities matrix）：项目管理负责人使用的一个项目专用工具，用于向工作小组分配创建交付文件和交付工作的职位与职责。

标准方法与程序（Standard Methods and Procedures）：标准方法与程序规定了项目信息管理要求的核心要求，包括如何定义一个项目的信息管理职责、文件命名策略，空间协同策略，以及图纸模板。

任务小组（Task team）：大型项目团队

的子团队，负责项目具体内容的交付。任务小组可根据专业或顾问进行定义。

TIDP/任务信息交付计划（Task Information Delivery Plan）：对一个独立任务团队的信息生产任务进行定义的项目计划。

VCM/虚拟施工模型（Virtual Construction Model）：当 PIM 获得批准成为工程建造基础，就用 VCM 这一术语加以描述。

空间（Volume）：空间是 BIM 项目分配给工作小组的限定三维空间。

图片来源

版权材料转载已获得下列机构授权：

BIM 工作组：图 8.1、图 8.3、图 8.4

英国标准协会：图 11.2、图 11.3、图 11.4、图 18.1、图 18.2

Colour 城市风景园林设计公司：图 1.1、图 13.1、图 16.4

Vectorworks 公司：图 3.1、图 18.5、图 18.6

HOK 建筑师事务所：图 16.1、图 17.2

Keysoft Solutions 有限公司：图 16.3、图 19.1、图 19.2

Mark Bew 与 Mervyn Richards：图 2.1

Martina Miroli（按照"创作共用许可证 3.0"的要求转载）：图 17.1

McGregor Coxall：图 16.2

Patrick MacLeamy：图 5.1

Peter Neal：图 1.2

译者简介

郭湧，男，山东烟台人，1983 年 3 月生。清华大学建筑学院景观学系助理教授。主要研究方向为风景园林技术科学、风景园林信息模型（LIM）、风景园林智能建造、智慧城市 / 智慧园林。